U0186258

未读 | 艺术家

仰望的艺术：全球38座至美建筑穹顶巡礼

[英]凯瑟琳·麦考马克 著
周婉璐 译

图书在版编目(CIP)数据

仰望的艺术：全球 38 座至美建筑穹顶巡礼 / (英) 凯瑟琳·麦考马克著；周婉璐译. -- 北京：北京联合出版公司，2023.3

ISBN 978-7-5596-6588-1

Ⅰ. ①仰… Ⅱ. ①凯… ②周… Ⅲ. ①建筑艺术—鉴赏—世界 Ⅳ. ① TU-861

中国国家版本馆 CIP 数据核字 (2023) 第 011523 号

The Art of Looking Up

By Catherine McCormack

北京市版权局著作权合同登记号 图字：01-2023-0481 号

出品人	赵红仕
选题策划	联合天际·文艺生活工作室
责任编辑	管 文
特约编辑	张雪婷 谭秀丽
美术编辑	王颖会
封面设计	孙晓彤 碧 君

未读 艺术家

出 版	北京联合出版公司 北京市西城区德外大街 83 号楼 9 层 100088
发 行	未读(天津)文化传媒有限公司
印 刷	北京华联印刷有限公司
经 销	新华书店
字 数	221 千字
开 本	889 毫米 × 1194 毫米 1/12 20 印张
版 次	2023 年 3 月第 1 版 2023 年 3 月第 1 次印刷
ISBN	978-7-5596-6588-1
定 价	298.00 元

关注未读好书

客服咨询

本书若有质量问题，请与本公司图书销售中心联系调换
电话：(010) 52435752

UNREAD

THE ART OF LOOKING UP

仰望的艺术

全球 38 座至美建筑穹顶巡礼

[英] 凯瑟琳·麦考马克（Catherine McCormack）◎ 著
周婉璐 ◎ 译

北京联合出版公司
Beijing United Publishing Co.,Ltd.

目录

左图：西岱宫圣礼拜堂如星光般闪耀的穹顶，该礼拜堂于1248年启用。高耸的哥特式建筑将观者的目光和思绪引向一个想象中的神圣苍穹，同时光线透过明亮的彩色玻璃，营造出一种尘世天堂般的体验。

前言

我们为什么仰望苍穹？童年时期，我们仰望苍穹是为了寻求安慰和指引，期待远方有我们未知的未来。人类社会存在等级制度，而且人们相信等级越高，重要性就越大，因为我们倾向于渴求那些遥不可及的事物。人性使然，我们仰望头顶的苍穹以确定我们在宇宙中所处的位置，用星星来为行程导航。仰望苍穹，我们思索众神，构建我们创造的故事；仰望苍穹，我们触及关于天际繁星知识的边界，先是用飞行，之后是太空旅行，我们如此努力地去征服，把人类的足迹延伸向太空。天空使我们囿于地球，但也呈现出一个人类渴望突破的边界。仰望苍穹基于一种想要超越自我的渴望，这也许就是我们长期以来在此处投射我们的宗教、文化、社会理念及哲学思想的原因。

或许这也可以解释为什么人们总忍不住去装饰建筑的留白区域，如圆屋顶、拱顶和天花板，它们象征着一种人们可以用自己的设计占据并控制的天空。毕竟，这些词语之间有着语言学上的联系。例如，英语中的“ceiling”（天花板）受拉丁语词汇“caelum”（天空或天堂）的影响。

这也是为什么我们认定天空为我们所崇尚的一切事物的源头，进而抛弃了我们脚下的大地。16世纪初，列奥纳多·达·芬奇说我们对头顶上方天体运动的了解比我们对脚下土地的了解要多。但情况并非总是如此。在新石器时代结束之前（约公元前3000年），人们一直在大地上寻找神明，而对伟大天神的崇拜则兴起于印欧时期初期，之后这一崇拜便一直占据统治地位。这些天神崇拜在本书中均有所提及——从罗马异教中掌管雷霆的众神之神朱庇特，印度教中的克利须那神[1]，湿婆和毗湿奴及佛教中的神，基督教中的审判和创世神，到伊斯兰教信奉的唯一主宰——但并不仅仅以绘画的形式展现，而是升华为了图案、色彩和光线。

宗教建筑的结构将人们的目光引向了上方，不管是中世纪早期欧洲大教堂高耸的拱顶，还是伊斯兰清真寺或基督教教堂里象征着天堂和永恒的圆屋顶。由于人类将神明设定在了天上，所以仰望苍穹会激发其对永生的渴望。对于那些有能力以视觉形式占据它的人来说，天花板是一个膨胀的空间，无论描绘的是基督教圣徒的故事，还是被尊奉为神的教皇和采邑主教[2]，抑或艺术家本人的故事，比如萨尔瓦多·达利的《风之宫天花板》（*Palace of the Wind Ceiling*），描绘了他进入潜意识的神化。

与天空的这种关系引发蓝色在很多穹顶艺术案例中开始流行起来，从拉文纳的马赛克，到卢浮宫里赛·托姆布雷创作的“蔚蓝海洋”，也就是广为人知的穹顶画《天花板》（*The Ceiling*），或格拉迪斯·迪肯[3]那无可比拟的蓝色眼睛——从布伦海姆宫的北门廊威风凛凛地俯视着下方，给人一种超脱尘世的非现实感。值得注意的一点是，为了描绘天空的蓝色，人们不得不开采珍贵的天青石，这种颜料在15世纪的佛罗伦萨被认为是最完美、最出色、最美丽的颜色（根据意大利艺术家琴尼诺·琴尼尼的说法）。虽然绘制天空的故事也是一个关于蓝色的故事，但蓝色

1　主神毗湿奴的化身。——译者注（后文如无特殊说明，均为译者注）

2　兼任教会主教的世俗领主。

3　格拉迪斯·迪肯（Gladys Deacon），即马尔伯勒公爵夫人格拉迪斯·斯宾塞·丘吉尔。

并不是这里的唯一，其中的材料还包括玻璃、马赛克、石头，甚至圣甲虫的翅鞘。另外，不要忘记，当我们仰望时，画中的人也在俯视我们。“仰角透视”（sotto in su，或称“由下至上”）和“错视画”（trompe l'oeil，或称“视觉陷阱”）技法意在制造惊奇，赋予灵感并愉悦我们的眼睛，让观者在预见到画中的虚幻世界外溢到他们个人空间中时不禁感到畏缩。“仰望”和“俯视”之间的这种关系在朱利奥·罗马诺在意大利曼托瓦的德泰宫巨人厅里创作的湿壁画中得到了体现。画中，奥林匹斯山上的诸神正在与那些以巨人形态存在的原始大地的神秘力量战斗。

很明显，这本书中没有提及任何女性艺术家。这并不是说女性艺术家能力不足，而是整个艺术史没有为她们提供施展才华的机会。因为所有大陆和文化中的女性都被禁止参加艺术学院的培训，而这种培训通常会让艺术家们收到本书中提到的公共或私人空间的委托——从装饰富人和权贵宫殿的宏大合同，到巩固国家政权的宗教建筑，或用于建立秩序的政治大厅。此外，我们也没办法知晓那些不知名的马赛克和石雕工匠的性别，而他们的作品便是他们在某些地点默默无闻工作的证词，比如阿尔罕布拉宫或托普卡帕宫。

绘画作为一门艺术，它本身也融合了诗歌和智力元素，被认为是一种男性化的职业。实际上，在15世纪和16世纪意大利的艺术理论中甚至有一种关于绘画中男子气概的分类，这种分类法认为湿壁画是最具男子气概的绘画技法，适用于像罗马西斯廷教堂的拱形天花板这类的空间，或者像（同样位于罗马的）法尔内塞宫这样的面积小一些的拱顶，抑或维尔茨堡宫大礼堂楼梯上方的拱顶——提埃坡罗在上面绘制了一幅包罗万象且带有炫耀性质的世界图景。

在历史的发展进程中，这种性别规则也有几个例外，但直到最近，人们才给予足够的重视。例如，艺术家阿尔泰米西娅·真蒂莱斯基（1593—1653年）出生于一个充满男性画家的家庭，和她的兄弟们一起在她父亲的工作室学画。作为一位成功的艺术家，她和父亲在伦敦一同为格林尼治女王宫的穹顶绘制了《英国王权下的和平与艺术寓言》（*An Allegory of Peace and the Arts under the English Crown*，由9块面板构成），该作品现在被陈列在伦敦的马尔伯勒宫。但在文献资料中，关于阿尔泰米西娅的贡献一直备受争议，而质疑的声音和证明其作品出自她本人之手的声音一样响亮。除此之外，1768年，英国皇家艺术学院的创始人之一安杰莉卡·考夫曼（1741—1807年）对外宣称自己是一位历史画家。作为一个艺术家可以被认可的最知名领域，该

右图：英国唯一的女性“历史画家”安杰莉卡·考夫曼对“色彩”的拟人化展示，她将其描绘成一位为了从大自然中汲取灵感而用画笔触摸彩虹的女士，而画中人物脚下的变色龙同样象征着自然界中色彩的多样性。

领域几乎专属于男性画家，因为当时女性被禁止研习和绘画裸体模特——这是学院派绘画的基础。18 世纪 80 年代，考夫曼在伦敦为皇家艺术学院创作了四幅以“艺术要素”为主题的穹顶画。每幅作品都描绘了一个富含寓意的女性形象，代表了艺术实践中的基本准则：创造、构图、设计和色彩。

简单来说，考夫曼是在用女性的形象来表现“艺术”。这样一来，她就打破了以男性形象来象征绘画和设计这种智力行为的传统，清晰地表达了其关于重新思考艺术实践中性别限制的宣言。这些作品现在可以在伦敦伯林顿府的入口大厅看到。

尽管这些女性艺术家在同时代的文化领域占有重要地位，但她们没有出现在本书中，这引发了一个关于艺术史的有趣讨论，即关于女性在艺术上的贡献是如何被遮蔽和掩盖的。而由此产生的结果是，文献资料中所能找到的相关作品的数量远远少于要填满一本这种类型的书的页面所需的图片量。不过，至少我们可以在本书的前言部分通过某种方式向她们致敬。

最后要说的一点是，“仰望”这一动作会让我们产生奇妙的变化：身体变得垂直，手、脚和地面都消失了；我们成了人形立柱，只使用我们的眼睛。此外，仰望使我们脱离自己的大脑，进入星际时空、克利须那神时空，或从人类的世俗束缚中走向超然和自由。但我们同样不能忘记的是，仰望也可能是一种痛苦：脖子弯曲，吞咽变得艰难，喉咙收紧并被暴露出来。米开朗琪罗对这一点深有体会，他描述自己为西斯廷教堂的拱顶仰头作画的那四年，深受这种他所谓的“活地狱”折磨。也许，我们并不能总是让我们的头部朝向星辰之间。

左图：阿尔泰米西娅·真蒂莱斯基创作的《英国王权下的和平与艺术寓言》，由 9 块面板构成，最初用来装饰伦敦的格林尼治女王宫的穹顶。这栋建筑是为来自丹麦的安妮王后建造的，后来成为查理一世的妻子亨利埃塔·玛丽亚王后的府邸。

次页图：赛·托姆布雷为卢浮宫创作的令人着迷的、如蔚蓝海洋般的穹顶画《天花板》。

ΠΡΑΞΙΤΕΛΗΣ
ΛΥΣΙΠΠΟΣ

ΣΚΟΠΑΣ
ΦΕΙΔΙΑΣ

1

宗教

不论是在种族、地理还是宗教信仰层面，天空都被众神占据着。新石器时代的终结见证了宗教信仰的转变，它们从关注大地的力量、繁殖力和灵性转向引入神明崇拜，这些宗教信仰包括亚伯拉罕诸教，以及在此之前的那些，比如埃及神话[1]、古希腊和古罗马的异教神学——其中的众神生活在奥林匹斯山上。简言之，从印欧时期起，人们就开始仰望天空，寻找神明。也正是在那个时候，人类开始设计带有不同版本天堂的宗教性空间，以弥合无形的神性世界和我们这个居于大地之上的凡人世界之间的差距。但艺术作品中关于神明的描绘一直是世界上各宗教争论不休的一个话题。

基督教认为，人类作为造物主存在的一种反映，是造物主按照自己的形象创造的，这一中心信条引发相关图像如雨后春笋般涌现出来，而这些图像本身又引起了不同群体之间的派系冲突。此外，伊斯兰教更倾向于通过抽象且重复出现的几何图案来思考关于天地万物的精神奥秘。这两种情况的例子在后文中都可以看到，从米开朗琪罗在西斯廷教堂所作的穹顶画（歌颂了天父赋予世界上第一对男女以生命），到伊斯法罕的伊玛目清真寺——几乎只用色彩、光线和使人昏昏欲睡的重复图案就成功营造出一种悬浮在空中的感觉，展现了一种超脱于物质领域之外的神圣状态。有趣的是，这些看似相互对立的意识形态在安东尼奥·高迪位于巴塞罗那的作品圣家族大教堂中融合在了一起，这座未完工的基督教圣殿以其有着复杂几何结构和装饰设计的列柱和布局表明，关于天堂的抽象概念深深地扎根于物质大地。

天花板和拱顶经常被用来向那些不能阅读文字的人“讲述”宗教故事，因此，早期基督教的教义——描述圣徒的生平和《圣经》中的片段——大多是通过更易于理解的视觉形象进行传播的。这类图像往往着重于超越和升华，但也有审判、牺牲和惩罚。

宗教建筑的穹顶同样不可避免地反映了滋养它们的土壤，比如人们对古典人文主义和古希腊、古罗马雕塑的兴趣，在西斯廷教堂里深有体现；关于拜占庭帝国和东正教信仰的复兴狂热，在圣彼得堡 19 世纪的基督复活教堂中得到了颂扬；面对西方艺术的浸染，东京浅草寺重现了日本艺术史上的传统技法、风格和精神遗产。

1 指基督教和伊斯兰教传播之前，古埃及人所信仰的神学体系与宗教。

IORDANN

左图：圆顶中央的圆形画描绘的是施洗者约翰正在给浸在约旦河中的耶稣基督施洗。这条河也被拟人化为一个穿着绿衣的老者，该形象可能借鉴了早期异教徒对河神的描述。在外圈，还有拿着皇冠的十二使徒。

次页图：蓝金相间的马赛克穹顶被用来展示耶稣的光辉与魅力。

尼安洗礼堂，意大利拉文纳

当观者仰望拉文纳尼安洗礼堂那闪闪发光的马赛克圆顶时，自己也就与早期艺术史中的一个特殊节点连接在了一起。这些彩色的镶嵌石、矿物材料、玻璃和贝壳将我们带回到一个早于人们发明“艺术”一词的图像时代，一个早期基督教信徒思考他们应该如何描绘上帝的时代：他们要如何描绘无形的神性世界？他们应该使用什么符号和工具去创造一种可以用图像而不是语言来传达教义的宗教语言？

在拉文纳，这些问题可以在一个雄伟壮观、由棋盘花纹镶嵌的蓝金色“海洋”中得到解答。这两种颜色均具有象征意义，它们反映了一位想象中的威严之神在天堂中的光辉与魅力，并展示了人们对基督的最早描述，即作为散发着金色光芒的太阳神出现——这一形象早在公元3世纪时就出现在了宗教场所的装饰中。

这座洗礼堂最初由拉文纳的主教厄修斯（Ursus）主持修建，可以追溯到公元4世纪的最后几年。这是君士坦丁一世统治时期基督教作为罗马帝国的官方宗教扎根于此的这类建筑的早期范例之一。众所周知，君士坦丁一世从异教皈依了基督教。这座建筑建在八角形的地基之上，作为举行洗礼仪式（该仪式每年只在复活节前夕举行一次）的场所，具有独特的功能。它是早期基督徒获得新生，和上帝交流的场所，而这也正是圆顶内部马赛克的主题——尼安主教（451—473年）在这座建筑建成几十年后，决定以此为主题对其进行重新装饰。

圆顶中央的圆形画位于地面巨大洗礼池的正上方，描绘了高大的施洗者约翰正在给赤身裸体的基督施洗，泛着波纹的清澈河水没过基督的腰部，上帝化身为鸽子，以圣灵的形式降临。这是对《新约·马可福音》（1：9—11）经文的视觉化呈现：“在约旦河里受了约翰的洗。他从水里一上来，就看见天裂开了，圣灵仿佛鸽子降在他身上。又有声音从天上来：你是我的爱子，我喜悦你！”这幅画的大部分在中世纪后期的改建中被粗糙地修复了，包括约翰的头和手臂、基督的头和肩部，以及鸽子。最重要的变化是，最初基督是没有胡子的形象，这与公元4世纪和公元5世纪初基督徒描绘的上帝之子一致，在那些描述中，基督与年轻的、没有胡子的阿波罗——罗马异教中的太阳神、启蒙和创造力之神——相似。而一旁那个比例略小的老人则是约旦河的化身。把河做拟人化处理有双重含义：首先，这解决了怎样描绘“流动的水”——这是洗礼仪式的核心概念——的难题；其次，这是对早期古希腊和古罗马异教艺术中为人所熟知的、用人类形态来描绘河神的视觉传统的延续。

接下来，圆形画外一圈的场景描绘的是由圣彼得和圣保罗率领的基督的十二使徒。根据早期基督教主教尼撒的格列高利（Gregory of Nyssa，335—394年）的说法，这些使徒在《圣经》中被称为“施洗使节”。他们手中的皇冠是神学学者们经常讨论的焦点。一些人认为，它们象征着对基督教新入会者所经历的一系列斗争的奖励；另一些人则认为，它们是居住在拉文纳的尘世王国的象征，因为当时拉文纳是东哥特帝国（493—553年）的首都。实际上，金色穹顶本身也与“冕金”（aurum coronarium，或称金皇冠[1]）有关，因为这些金皇冠是古时候各城

1 罗马帝国时期的一种税收，各城邦为庆贺新皇帝加冕或重大胜利贡献的皇冠状金子。理论上是一种自愿的黄金支付方式。

EVANGELI
SECVN MARC

邦为庆贺他们的新皇帝加冕而进献的。因此，尼安洗礼堂里的马赛克可以被解释为第一个千年之初帝国、异教和基督教世界之间的象征性联系的融合。

由中心往外，框起使徒们的那个环形场景，象征着天国的夜间花园，它的背景色是深邃的夜空蓝，点缀着可辨识的植物群、一排极乐鸟和四个空王座。这些空王座在希腊语中被称为“heitomasia”，意为“准备好的宝座”，象征着预言中耶稣基督的第二次降临。这些马赛克不仅仅服务于一个追求灵性或爱好艺术的朝圣者团体，还令20世纪30年代造访尼安洗礼堂的精神分析学家卡尔·荣格赞叹不已，而此次经历对他关于意识与潜意识、死亡与重生的原型体验的思考产生了重要影响。

左图：环绕穹顶中央圆形画的十二使徒中的三位：右边是圣巴托罗缪，中间是福音传道者圣马可，下面是他在天国的王座。

上图：十二位使徒周围的空座位象征着预言中耶稣基督的第二次降临。

左图：从下面看 81 米高的中央穹顶，有一幅上帝作为全能者基督——他法力无边，做出了赐福或启示的手势——形象出现的马赛克。

次页图：充满活力的蓝色包围着全能者基督的图像。

基督复活教堂，俄罗斯圣彼得堡

1881 年 3 月 1 日，俄罗斯帝国皇帝亚历山大二世躺在圣彼得堡布满积雪的格里博耶多夫运河河堤上，血流不止，双腿被炸断，肚子也裂开了。当时他正在去往米哈伊洛夫斯基骑术学校的路上，来自激进团体“民意党”[1]的社会革命者朝他乘坐的马车扔了一枚炸弹，随后当他下车查看卫兵伤势时，极端分子趁机又朝他脚边投掷了一枚炸弹。两年后，一座耀眼夺目、有 5 个圆顶的教堂在亚历山大二世倒下的地方拔地而起。这座教堂以“耶稣复活”为名，以强调耶稣基督与被暗杀的皇帝之间的相似之处，里面还设置了一个奢华的圣殿。装饰华丽的建筑用来神化被暗杀的皇帝，同样也是对奄奄一息的国教的一种夸张展示。1917 年，布尔什维克占领了这座教堂，它不再是一个供奉神灵的教堂，而是基于它过去的种种被称为“滴血的救世主”。这所教堂从未摆脱过它晦气的名声，并在第二次世界大战中被用作停尸房。20 世纪中期，它甚至因被当作储藏农作物的仓库而被称为“土豆上的救世主”。

建筑的外部参考了俄罗斯帝国早期教堂的设计，比如莫斯科的圣巴西尔大教堂（于 1561 年建成），是亚历山大二世执政时期民族主义广泛复兴的标志，在他死后作为其继任者亚历山大三世统治时期的官方风格继续存在。亚历山大二世的遇刺引发了宗教组织数量的激增，而“滴血救世主”只是这个如火如荼的教堂建设项目的一部分，当时俄罗斯各地共有 695 座重点建设的大教堂。不过，这种对旧俄国的怀念在很早之前就影响了被暗杀的亚历山大二世的父亲尼古拉一世皇帝（1796—1855 年）的视觉修辞。在他执政期间，他推动了公众对拜占庭帝国历史的兴趣和学术研究，以提高人们对历史的敬畏之心，这也许是对圣彼得堡受到更多西方影响所产生的威胁的回应。

重点放在拜占庭帝国早期基督教堂的传统，以及这一传统在 19 世纪末俄罗斯的延续上。这一主题在这座教堂的内部延续了下来，光芒四射的马赛克装饰着面积有七千多平方米的墙壁和天花板，它们由 20 种不同的石头镶嵌而成，包括较珍贵的碧玉和黄玉。这些闪闪发光的拼贴人物造型轮廓分明，有层次感，模仿了罗马帝国东部地区［也就是拜占庭帝国（公元 4 世纪末到 1453 年）］教堂的内部装饰画。最终成为俄罗斯帝国的这片地区通过贸易和接受东正教而与拜占庭帝国的首都君士坦丁堡（现在的伊斯坦布尔）建立了联系。甚至连俄语中的很多词汇都是由拜占庭僧侣引入的，如俄罗斯帝国的统治者“Tsar”（沙皇）一词，就由罗马头衔“caesar”演变而来。当拜占庭帝国的势力开始衰弱时，俄罗斯帝国认为自己是东正教文化和罗马帝国力量的正统继承者，而当莫斯科（旧时的莫斯科）宣称自己是“第三罗马”时，以往所有与之相关的荣光和英勇功绩都使其历史悠久的前身永垂不朽。

在中央穹顶的内部，一个融合了紫罗兰色、蓝色和水绿色的旋涡围绕着全能者基督的画像——东正教特有的一种关于基督的神学表现形式。在这里，他是一个严厉的审判官和全能的神，举起双手，做出带有修辞色彩的赐福或启示的手势。8 位眼睛

1 民意党（Narodnaya Volya），沙俄时期一个有组织的革命团体，以其成功刺杀俄国沙皇亚历山大二世而知名。它的目标是推翻沙皇专制制度，主张对政府展开全面的恐怖主义活动。

上左图：将圣殿和中殿分开的中央圣幛。颜色深浅不一的意大利大理石让人觉得它仿佛是用木头雕刻的，外面还镶着半宝石。

下图：全能者基督画像的细节，十字光环中还出现了希腊字符“OωN”，直译为“存在者”，但意译为“所是之人”更贴切。

上右图和对页上图：光线从中央穹顶倾泻而入，确保它成为整个房间的焦点。

对页下图：一个错综复杂的马赛克拱门的细节。

大大黑黑的、像雌鹿般天真无邪的天使在穹顶底部围成一个圈，追随着他。希腊字符“OωN”出现在了基督的十字光环中，直译为“存在者”，但意译为“所是之人”更贴切。这些是《旧约》中摩西站在西奈山上问是谁在讲话时，听到的上帝之言。这些象征符号所代表的内容似乎与最早可以追溯到12世纪的俄罗斯人和斯拉夫人的宗教图像有明显的差异。19世纪末，它们被纳入这座教堂，在《新约》中的耶稣基督和《旧约》中令人敬畏的上帝之间建立了一种象征性的联系，并通过教堂里的圣像和制像（image-making）弥合了俄罗斯宗教遗产源源不断的流变。

虽然教堂内马赛克的设计灵感源于早前6世纪的教堂装饰，但这里也受到了19世纪那些受欢迎的成功画家的风格和技法的影响，他们的作品为马赛克装饰提供了模板。例如，对脸部和身体轮廓和立体感的关注，这是早期基督教马赛克作品中所没有的，就像在拉文纳的尼安洗礼堂（见第14页）中所看到的那样，而且这些画像即使在俄罗斯和欧洲以浪漫主义和神话主义为特色的学术绘画沙龙——通常展出的是职业的学院派签约艺术家的作品——中也不会显得格格不入。

安东尼·高迪

圣家族大教堂

1883年至今

西班牙巴塞罗那

左图：巴塞罗那圣家族大教堂内部壮观的穹顶。

次页图：阳光透过彩色玻璃窗倾泻而入，照亮了圣家族大教堂错综复杂的结构。

圣家族大教堂，西班牙巴塞罗那

1926年，在巴塞罗那，加泰罗尼亚建筑师安东尼·高迪被一辆有轨电车撞倒身亡，离他74岁的生日仅有两周。他留下了未完成的圣家族大教堂，这个庞大的项目占据了他职业生涯的大部分时间。尽管仍在建设中，教皇本笃十六世还是于2010年为该教堂举行了祝圣仪式。现在圣家族大教堂已成为巴塞罗那最具辨识度的地标之一，矗立在巴塞罗那的天际线之上，融合了中世纪哥特式教堂的建筑风格与建筑师自己独特的加泰罗尼亚现代主义风格。

步入教堂内部就像进入了一座奇幻森林，扭曲的螺旋式立柱似乎是从地面生长出来的，分裂成树枝，支撑着沉重的镶嵌着向日葵形状的拱形天花板，阳光透过彩色的玻璃窗，闪烁着彩虹般的光芒。这些柱子就像巨大的豆茎一样，在地面的尘世和上方的天国之间形成了一座坚实的垂直桥梁，似乎暗示了天堂深深扎根于尘世。高迪的意图是让任何进入教堂的人都能看到一幅壮观的景象，即同时看到教堂的中殿、耳堂和后殿的拱顶——中殿的中央拱顶高达45米，后殿的高度攀升到令人眩晕的75米。

圣家族大教堂重现了12世纪和13世纪法国哥特式风格中雄伟壮观的建筑语言，就像在沙特尔大教堂、亚眠大教堂和鲁昂大教堂中所看到的那样。这些建筑物采用放大规模和比例的做法，将观者的目光吸引到想象中的天国。由此在会众的头顶和高耸的拱顶之间所形成的空间，充满了会众祈祷、歌唱和诵经的声音，而透过彩色玻璃漫射出的五颜六色的光线，则给人一种超凡脱俗、如在天堂般的感官体验。在这里，高迪用自己独特的植根于自然界复杂精妙的数学原理的设计方案，取代了支撑这类飞扶壁的传统工程方案。这体现在以树干及其树枝为造型的双曲抛物面，以及圆锥形、分形和螺旋形承重柱上。因此，这座教堂可谓人工建筑与自然环境和谐共生的综合体，所有这一切都以高迪对上帝作为大自然至高无上的建筑师的虔诚信仰为基础。正如他自己所说：“那些寻求自然法则作为他们新作品支撑的人，是在与上帝合作。”

数学、哲学和神学象征主义支撑着高迪的圣家族大教堂。例如，18座塔楼装点着地平线：基督的十二个使徒各一座、四位福音传道者各一座、圣母马利亚和基督各一座。但建筑师的设计也反映了19世纪末和20世纪初的文化思潮，以及它们对造型艺术和建筑的影响。例如，他“世间万物都体现着上帝存在”这一观点，可以用恩斯特·海克尔[1]所提出的“生态学”概念来解释。海克尔在其著作《生物体普通形态学》(*General Morphology of Organisms*)中声称物质存在于思想而非生命体中，这对高迪产生了决定性的影响。数学领域的进一步发展，例如从平面图形到多面体、爱因斯坦的相对论引入了开创性的空间和时间概念，以及人们认识到欧几里得几何并不是测量物理现实的唯一方法。这些发展促进了一种新的建筑风格的演变，这种风格被称为“国际风格或新艺术风格”，从植物、花卉的形态和工程学构造中汲取灵感。建筑成为对时间、空间和结构的诠释，

1　恩斯特·海克尔(Ernst Haeckel，1834—1919年)，德国动物学家、哲学家和作家。海克尔将达尔文的进化论引入德国并在此基础上完善了人类的进化论理论，还是最早绘制动物系谱图的学者之一。

左上图和右图：圣家族大教堂的立柱以模仿树干及其树枝的双曲线抛物面，以及圆锥形、分形和螺旋形造型为特色。

对页上图和下图：光线透过彩色玻璃弥漫开来，给人一种超凡脱俗、如在天堂般的感官体验。

并融入了文化思潮中的非传统概念。高迪在建筑中对曲线几何形式的应用，预见了后来的建筑师勒·柯布西耶和弗兰克·劳埃德·赖特的风格。

高迪于1883年从弗朗西斯科·德·维拉（Francisco del Villar）那里接手了圣家族大教堂项目，维拉只干了一年就辞职了。圣约瑟夫崇敬会（The Spiritual Association of Devotees of Saint Joseph）的创始人打算将它设计成一座赎罪教堂，献给以圣约瑟夫为首的圣家族。这种与宗教崇拜相关的选择，反映了19世纪末人们为重新确立，而这种价值观当时正被不断滋长的资本主义工业社会猖獗的物质主义所侵蚀。由于圣家族大教堂被建在巴塞罗那的工人阶级区，所以高迪给它起了另一个名字——“穷人大教堂”。人们关于圣家族大教堂的评价两极分化，虽然很多人称赞它用石头恰如其分地呈现了神性的光辉，但另一些人则认为它粗俗、自命不凡，甚至用英国作家乔治·奥威尔的话来说是“丑陋狰狞”。

伊玛目清真寺

1611—1666 年

伊朗伊斯法罕

左图：伊玛目清真寺令人着迷的圆顶内部。

次页图：伊玛目清真寺使用了近 50 万块彩色瓷砖。

伊玛目清真寺，伊朗伊斯法罕

西方艺术史中的大部分内容都与意象的阐释有关，通过破译符号、解开复杂的叙述和质疑作者的意图来获得权威。但当我们欣赏伊斯兰教的艺术语言——这种艺术语言在这座最初被称为“沙阿清真寺”（Shah Mosque，自 1979 年伊朗革命以来一直被称为伊玛目清真寺）的表面随处可见——时，这一方法就不适用了。这座清真寺建于 1611 年至 1666 年，是沙阿阿拔斯一世以萨非王朝的名义发起的密集的建筑项目的一部分，用辉煌的建筑美化新首都伊斯法罕。该建筑的图案如今被印在伊朗 20000 里亚尔纸币的背面。

在庄严的入口或伊万[1]的门槛之外，近 50 万块装饰有几何和花卉图案的彩色瓷砖在闪烁的彩色海洋中将观者的目光引向清真寺的不同空间，营造出一种海市蜃楼般的景象，让人联想到黄金时段的黎明印象、阳光普照的平静海面或天上的星群。所有的瓷砖都是用一种被称为“haft-rangi”的复杂的釉下彩技术烧制而成的，而且每块瓷砖都使用了多达七种颜色。

线条、玫瑰花结、缠绕的藤蔓和交织曲线的无限重复，使人昏昏欲睡，这正是伊斯兰清真寺装饰的特点之一。这里完全没有任何象征性的东西——没有人、动物，有生命的或来自自然世界的可识别的物体。尽管这些装饰图案的创作灵感源于自然，如藤蔓和花卉，但在这里是以风格化而并非写实的方式呈现的。这是一种避开偶像崇拜风险的方法。所以，这就有了一种没有审判（不同于米开朗琪罗的西斯廷教堂，见第 38 页）、没有性别、没有善恶原型、没有等级制度（如天使头教堂），甚至有些人可能会说也没有警世作用的宗教艺术。不像我们通常在西方宗教艺术作品看到的象征主义，可能会将植物图像与天堂和《圣经》中伊甸园的概念联系在一起，这些图案更具形而上学的基调，作为色彩和形状这类元素发挥作用。当这些图案以看似无限重复的模式出现时，它们唤起了一种类似于纯粹感知的体验，让观者从有序和有限的世界中体验到超然的感觉。因此，真主是伴随着这种关于色彩、光线、重复和秩序的无声神学而出现的，而不是通过某个象征性的图像。

除了努力去理解这一概念，传统的西方艺术史家也在尝试描述伊斯兰艺术的元素。例如，曲线形状被定义为“arabesques”，在法语中是“阿拉伯风格”的意思。20 世纪 20 年代的历史学家将这些花卉和植物图案的风格化特质错误地解释为中东地区短暂春天的征兆——人们根本没有机会观察植物并做出准确描述。这些评论没有意识到的是，这种艺术并不寻求模仿自然，而是要在物质世界有序而无限的语言中找到观看神迹的方式，以此突破物质本身的束缚。

1　伊万（iwan）是波斯和伊斯兰教建筑中常见的一种长方形、带有拱顶的空间，三面围墙，一面开放。

左图：祈祷堂的圆顶内部。

次页上图和下图：入口处的天花板。尽管这些装饰图案的创作灵感源于自然，如藤蔓和花卉图案，但在这里是以风格化而并非写实的方式呈现的。

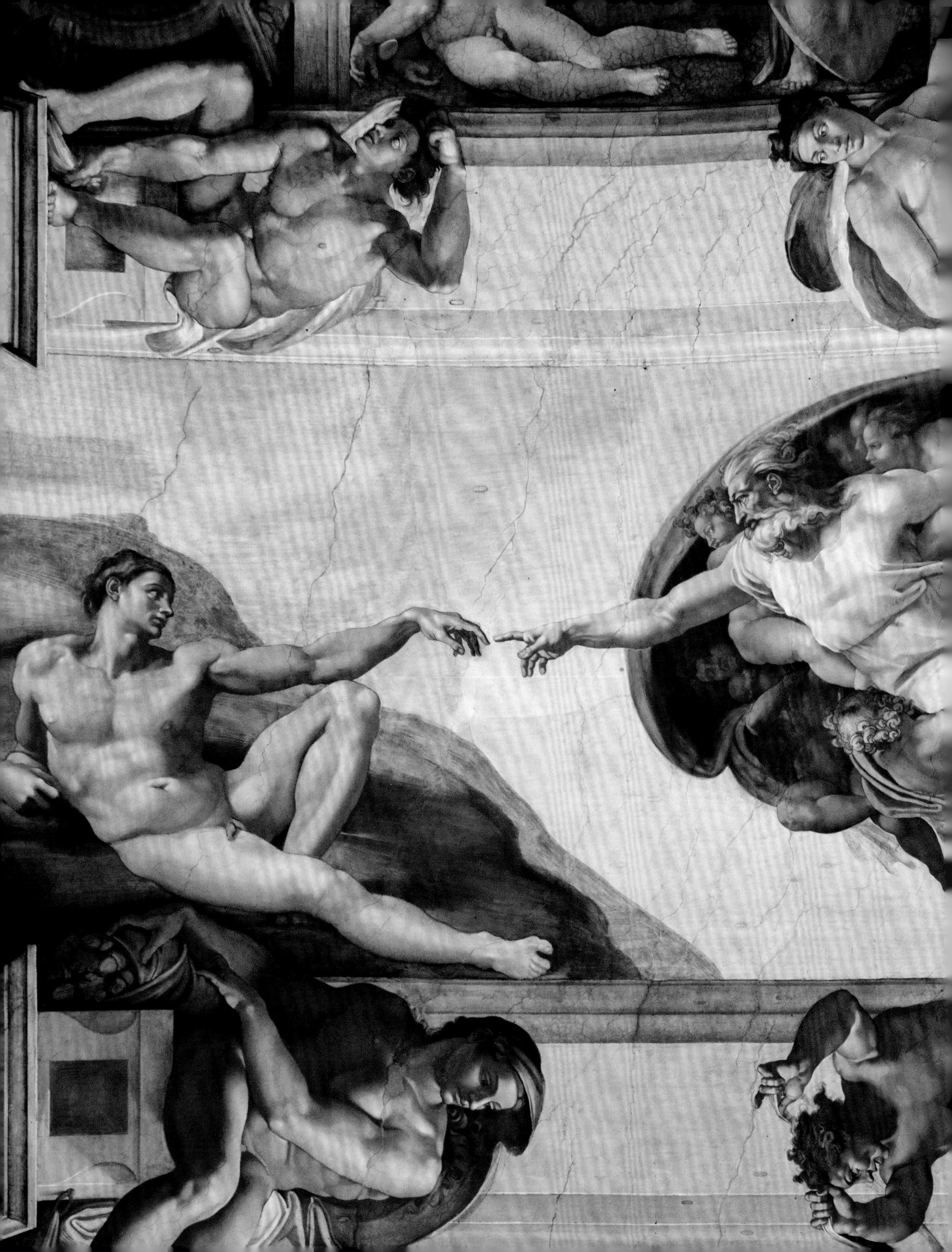

米开朗琪罗·博那罗蒂

西斯廷教堂的穹顶

1512年

梵蒂冈宫，意大利罗马

左图和次页左上图：西斯廷教堂穹顶上的壁画《创造亚当》的细节，这个标志性的人类形象是有史以来被复制次数最多的宗教形象之一。

梵蒂冈宫，意大利罗马

从很多方面来看，米开朗琪罗在西斯廷教堂创作的壁画都是穹顶画艺术史上的巅峰之作，已经成为讲述人类与上帝之间关系的人类成就的奠基石。但它们的创作者米开朗琪罗·博那罗蒂在1508—1512年居然是在极不情愿甚至沮丧的心情中完成这些作品的，这可能会让很多人感到惊讶。1509年，他写下了自己作为一个“被剥了皮的殉道者”这四年来的真实感受，更是坦言自己在“画这些画的过程中，简直像生活在地狱里”。

有说法称，这个委托是艺术家拉斐尔和建筑师多纳托·布拉曼特共同策划的一个邪恶阴谋，他们那时也在梵蒂冈宫和圣彼得大教堂工作。当时拉斐尔正在负责重新装饰教宗儒略二世的私人书房——被称为“签字厅”（Stanza della Segnatura），布拉曼特正在负责重建圣彼得大教堂。出于对米开朗琪罗名声——在文艺复兴时期，他是罗马艺术界最闪耀的明星——的忌妒，拉斐尔和布拉曼特也许向教皇儒略二世进谗言说米开朗琪罗应该去装饰教堂的穹顶。按常理来说，米开朗琪罗并不是合适的人选，尽管他曾经在佛罗伦萨师从艺术家多米尼哥·基兰达奥，但他只是个雕塑家，而且从未画过壁画，而壁画是一门需要速度、技巧和经验的严苛艺术。此外，米开朗琪罗当时已经和儒略二世闹翻了，因为儒略二世推迟了一个宏大的建筑雕塑项目——该项目耗尽了米开朗琪罗毕生的心血。这个项目被搁置后，米开朗琪罗离开罗马表示抗议，但拉斐尔和布拉曼特都知道米开朗琪罗不可能拒绝教皇关于西斯廷教堂的委任。他们认为这个任务会以失败告终，使米开朗琪罗身败名裂，而他们俩则可以坐收渔翁之利。

这座建筑的最初功能是作为一个带有城垛的军事附属建筑，以保护罗马教皇宫殿的西侧。后来，这个如洞穴般的空间成了举行宗教仪式的场所。15世纪70年代，在教皇西斯笃四世（这座教堂就以他的名字命名）的修复计划中，墙壁上就已经绘有讲述摩西和基督生平的系列壁画。儒略二世起初希望在穹顶上画十二使徒的故事，但米开朗琪罗提供了另一个选择：创世故事和历史初期的人类家庭。

米开朗琪罗的第一个任务是编排天花板上的故事，他绘制了一个虚构的建筑结构“框架画”（quadro riportato，又名“携带图片”或“运输画作”），即传统上用于大型壁画的连环画风格。然而，他加入了一个新的元素，即打破框架限制的、具有强烈美感的裸体人物。不可思议的肌肉线条和令人惊叹的感官冲击被称为“ignudi”（意大利语，意为裸体），取代传统的天使形象，米开朗琪罗用更加世俗、具象的方式展现了上帝所造人类的力量和优雅。他们巨大的裸体形象借鉴了古希腊的雕塑，在这里，米开朗琪罗的穹顶画呈现给人们一种上帝危险地接近世俗主义边缘的视觉感受。

中心部分描绘了《创世记》中的九个故事，从创造世界到上帝根据自己的样子创造人类，这是展现西斯廷教堂和文艺复兴时期艺术的标志性作品。上帝伸出他的手，赋予仰卧的亚当以生命，这是世界上第一个人，他强壮的体格酷似当时梵蒂冈收藏中的河神雕像。上帝的披风类似于人类大脑的解剖横截面，米开朗琪罗对此很感兴趣，他甚至还非法解剖尸体，以了解人体的构造和机制。难道米开朗琪罗是在让我们思考智慧是否存

对页上图：每年大约有 500 万人参观西斯廷教堂。

对页下图：这一处穹隅上描绘的是《旧约》中的女英雄朱迪斯在一个侍从的协助下，刚刚杀死醉醺醺的赫罗弗尼斯（赤身裸体躺在床上）的场景。这名侍从将赫罗弗尼斯被砍下的头颅偷偷地藏起来了，旁边的士兵睡着了，浑然不知发生了什么。

次页上图：西斯廷教堂的内景。

AZOR
SADOCH
MATHAN

在于人内心，艺术灵感是不是神圣的，以及以人类的知识真的可以感知上帝吗？但知识是危险的，会让上帝失望。毕竟，正是因为吃了智慧树上的禁果，亚当和夏娃才会被逐出伊甸园，并陷入耻辱和绝望之中，正如九个中央面板之一中所描绘的那样。

《创世记》的故事在上、下两个侧面都有体现，画中有女预言家、先知及基督的祖先这些不朽的人物。米开朗琪罗在这里加入一幅布拉曼特的画像，代表先知约耳，又在沉思的耶利米的画像中加入了自己独有的特征。穹顶四个角的穹隅上都绘有拯救以色列的故事，包括《旧约》中朱迪斯斩杀赫罗弗尼斯的故事。

因此，整个构图设计旨在表现上帝如何按照自己的神性形象造人，以及人类为什么无法取悦上帝，为什么会受到惩罚并与他分离。这就有了基督作为救世主来到这个世界的需要：基督教历史上的祖先和先知，以及异教徒的女预言家，都预言了基督的降临，所有这些都在穹顶画中得到了调和。这也反映了米开朗琪罗所处的文艺复兴时期的人文主义氛围，它既乐意接纳古代异教的哲学思想，又力图尊重基督教的核心信条。

对页下图：古罗马时期（约制作于公元 1 世纪）观景楼上的一尊巨大的贝尔维德勒躯干雕像。这尊雕像于 15 世纪末在罗马被发现，后来成为米开朗琪罗等艺术家的灵感来源。我们可以从西斯廷教堂穹顶画中的亚当和这个碎片之间看到两者的相似之处。

左图：穹顶画中被称为“ignudi”的男性形象之一。对米开朗琪罗来说，这些强大的、如超人般的男性身体构成了某种精神层面的存在，可以取代传统意义上的天使。

下图：库迈（希腊过去的殖民地之一，位于现在的那不勒斯附近）的西比尔（Cumaean Sibyl），预言基督降临的女先知之一。和库迈的阿波罗的神谕有关，库迈的西比尔对罗马城来说有着特殊的意义。

底部：左边描绘的是亚当和夏娃被蛇所诱惑，蛇向他们献上了智慧树的果子；右边是紧接着亚当和夏娃被逐出伊甸园。

左图：新教堂中侧礼拜堂的后殿，正中是耶稣受难的场景。

次页图：新教堂中基督论周期一览。

托卡利教堂，土耳其格雷梅

在土耳其格雷梅地区近似月球地貌的金色地表之下，托卡利老教堂里的壁画讲述了一个关于人类与自然和上帝和谐共生的故事。它们以深蓝色和血红色为主色调，被掩盖在坑坑洼洼的巨大岩石之下，这些岩石呈尖刺状起伏，隐藏了曾经作为古老的住所、避难所和教堂的内部洞穴，有着与众不同的起源。

260 万年前，土耳其开塞利省附近的埃尔吉耶斯火山爆发，喷涌而出的火山熔岩和火山灰冲向周边地区，形成了一片面积约 2 万平方千米的质地松软的火山岩地貌。随着时间的推移，其中一部分被侵蚀，但也有一部分被历史上生活于安纳托利亚中部的卡帕多西亚居民凿空建成了本章中提及的这种教堂，有时被称为“搭扣教堂”（Church of the Buckle）。

老教堂是托卡利教堂建筑群的四个内庭之一，中世纪时被用作大天使修道院的主教堂，也被称为“katholikon”（大教堂）。修道院里服务于偏远社区的隐士们，他们过着离群索居的禁欲生活，在天与地之间的贫瘠山地上进行与上帝有关的思索。基督教国家拜占庭帝国统治下的卡帕多西亚，是该国最早信奉基督教的地区之一，而在《新约》中卡帕多西亚人（他们是最早一批听到以自己的母语传播基督福音的信徒）被提及是在基督复活后神秘的圣灵降临节。

基督的故事以图画形式被呈现在老教堂筒形拱顶的 32 个场景中。它们被绘制在拱顶侧面的三个横条区域内，贯穿了耶稣的一生，从诞生到受难和复活。第一横条图像始于“天使报喜”，止于“撒迦利亚之死”。中间部分继续了这个系列，描述的是与基督生平相关的奇迹，从“以利沙伯的遁逃”开始，到“拉撒路的复活”结束。第三横条图像描绘了基督受难，从“进入耶路撒冷”开始，到基督“落入地狱边境”结束。在最后一幕中，基督在地狱中抓住《旧约》中第一个人类亚当的手臂。这个动作暗示基督的死是一种牺牲行为，是为了救赎亚当与夏娃在伊甸园中所犯之罪。不幸的亚当还出现在了拱顶的其他地方，在《耶稣的遗体从十字架上被解降》那幅画中，死去的亚当的头骨位于基督的双脚之间，这是对人类违反上帝禁令的进一步悲怆提醒。

图像是从左向右的叙述顺序，描述了基督变容（西侧）和他最后肉体复活升天（东侧）的情节，拱顶两端各有一个龛楣。这里没有垂直的边界来区分某个情节的开端和结尾。相反，它们是通过改变人物的方向或建筑支撑物的外观来界定每一个特定场景的。

如今，拱顶已作为被称为“新教堂”的附属建筑的入口，但它曾经是旧教堂的单通道中殿，于公元 10 世纪在火山岩洞中建成。这种简洁且仅有基本几何元素的建筑风格，让人想起了罗马帝国的基督教根源，因为它的形态与凯旋门相呼应。而凯旋门是古罗马人经常重复的建筑展示品，上面通常有用浮雕装饰的叙事场景。在这种与上述景观同质但并非以其为建造参照的教堂中，筒形拱顶成为与圆屋顶等同的空间，其装饰提供了一种在类似同一时期的建筑物内部仰观的视觉体验高潮，例如早期基督教洗礼堂的典范——尼安洗礼堂（见第 14 页）。

新教堂从旧教堂的筒形拱顶延伸出来，接入建筑的一个更大的附加部分，上面也装饰着两个独立的叙事壁画系列。其中

下图：一幅来自新教堂的壁画，描绘的是圣母和圣子，展示了卡帕多西亚之外的拜占庭绘画。

底部：旧教堂单通道长方形会堂的视图。

次页图：旧教堂筒形拱顶上描绘的是关于基督生平的场景。

一个系列是关于基督论的，详细描述了基督的生平，从他的幼年、神迹到受难；另一个系列则围绕着圣巴西略，他是卡帕多西亚地区的主要宗教人物。那些绘制旧教堂壁画的工匠并没有留下他们的姓名。然而，一段铭文显示新教堂里的壁画要归功于画家尼基弗鲁斯和它们的赞助者(康斯坦丁和他的儿子莱昂)，大概是因为赞助者太富有、太有影响力了，所以人们只知其名，不知其姓。教堂的新旧壁画在风格上也有所不同：旧教堂公元9世纪初的那些被称为“乡村风格”的壁画（上面有着棕褐色的大眼睛）与新教堂里那些创作于11世纪的被称为“都市风格”的壁画形成了鲜明对比。然而，这些标签可以说是多余的，因为人们试图将精神艺术的生产按照绘画创作的进展来分类，以实现三维造型和深度的错觉。最好将自己沉浸在这些神秘的地表之下，因为在那里，关于人类、上帝和石头的深刻而朴素的诗意将一览无余。

吉安·安东尼奥·富米亚尼

《圣潘塔隆的殉道与神化》

1704 年

圣潘塔隆教堂，意大利威尼斯

左图：富米亚尼在圣潘塔隆教堂采用错觉艺术手法（illusionistic）的穹顶画讲述了早期基督教圣徒的故事，这座教堂就是为了纪念这位圣徒而修建的。

圣潘塔隆教堂，意大利威尼斯

在圣潘塔隆大教堂未完成的立面背后，在威尼斯繁华的圣玛格丽塔广场上，有一座阴森潮湿的礼拜堂。慢慢地，这些东西开始让位于一幅号称世界上尺幅最大的穹顶画。这幅画由吉安·安东尼奥·富米亚尼于 1680—1704 年绘制完成，被命名为《圣潘塔隆的殉道与神化》，讲述了这座教堂所供奉的一位早期基督教圣徒的故事。

这位圣徒的殉道史场景被呈现在六十多幅“画布”上，展开面积超过 41 平方米。潘塔隆是一个富有的异教徒的儿子，来自古希腊的领地尼科米底亚（Nicomedia，现属土耳其），由信奉基督教的母亲抚养长大，但母亲去世后，他就脱离了宗教。他之后学习医学，成为罗马皇帝马克西米安的医生。再后来，他在一个名叫赫尔莫劳斯的牧师的感召下又重新皈依了基督教，因为该牧师认为，医学所带来的治愈效果和救赎远不能和基督同日而语。潘塔隆把他的所有财产都分给了穷人，并通过他的信仰去治愈盲人和残疾人。他因挑战了古罗马异教正统的信仰而被判处死刑，于公元 305 年被杀害，当时正值罗马皇帝戴克里先、马克西米安、伽列里乌斯和君士坦提乌斯统治下对基督徒实施最严厉的清洗时期。在天主教中，这位圣徒的官方身份是医生和助产士的守护神。然而，在当代意大利，众所周知，圣潘塔隆经常和彩票的幸运号码一起出现在人们的梦里。16 世纪，这个名字深受富裕的威尼斯家庭青睐，是他们命名新生儿的一个选择。

圣潘塔隆教堂的穹顶画延续了当时意大利穹顶画中既定的“仰角透视法”的传统，这里的构图采用了严格的“前缩透视法”和各种元素令人眩晕地向上延展的戏剧性错觉，同时其他元素似乎要向下倒向观者。因此，它可以同意大利其他采用错觉艺术手法的穹顶画相媲美。例如，皮埃特罗·达·科尔托纳在罗马巴贝里尼宫创作的《神意寓言》（*Allegory of Divine Providence*，见第 144 页），同样描绘的是（巴贝里尼教皇的）神化。正如达·科尔托纳的穹顶画所展现的那样，吉安·安东尼奥·富米亚尼使用“视幻画”（quadratura）[1] 技法创造了一种穹顶向天空敞开的错觉。然而，富米亚尼的穹顶画传达的远非一个庆祝胜利的故事。在一片黄昏般的薄雾中，长着翅膀的天使们如同混乱的蝙蝠一样蜂拥进出于朴素的古典主义建筑的门廊，周围一片骚乱。暮色中，相互纠缠在一起的移动人物在中心光的映衬下成为焦点，而且这束光还勾勒出了圣徒被迎进天堂的剪影，伴随着诸如殉道者的手掌等标志，风琴在咆哮，小号在尖叫。

在中心右侧（帐篷下），戴克里先皇帝下令并观看了对圣潘塔隆的处决，而在这个场景之前，前方刽子手开始了这项可怖的任务，但是徒劳无功：就像早期基督教圣徒殉道时常发生的那样，他们的身体奇迹般地击退了许多施加给他们的暴力攻击。在这个案例中，熔化的铅浴变成了冷的，用来烧肉体的火把熄灭了，而野兽在圣潘塔隆屈服前就已被驯服。只有当殉道者希望自己死时，他才能被成功斩首，而且从他被砍成两半的身体中流出来的是牛奶，而不是血液。

1　17 世纪的透视理论为建筑幻觉提供了一种更全面的综合方法，当画家用它来“打开”墙壁或天花板的空间时，则称为“quadratura”，即把现实中的建筑通过绘画方式延伸到想象的空间中。

I N
R I

对页图和上图：号称世界上尺幅最大的穹顶画，展开面积超过 41 平方米。

富米亚尼出生于水城威尼斯，在博洛尼亚接受教育，曾于 17 世纪 60 年代在皮亚琴察的公爵剧院制作舞台布景。这被证明对服务于天主教的宗教绘画所需要的特殊效果是有用的，有助于创作出能够刺激观者感官和情感的作品，吸引并引导信徒（为宗教事业）献身。富米亚尼被葬在了这座教堂里，根据一些文献记载，这座教堂比预期的更早成为他最后的安息之地，因为有人说他在完成这项工作时从脚手架上摔了下来，不过这个说法仍存有争议。

富米亚尼一生中创作的作品并不总是有口皆碑。19 世的纪艺术家、评论家约翰·罗斯金认为，这是一种反常现象：威尼斯人的技法、荣誉和崇拜的破败残余一同被爆入云端。关于疯狂错误的奇迹、关于蔑视和气势汹汹的伪善的奇迹——异口同声的谎言通过扩音器大声传开……（这是）欧洲绘画庸俗而引人注目之效果的最奇特范例。

左图：在天使头教堂的天花板上，有 135 个天使俯视着下面的访客。

天使头教堂，埃塞俄比亚贡德尔

在贡德尔天使头教堂内部，天花板和所有墙面上布满了红色、蓝色和金色的拼贴画。在这个庞大的构图中，《圣经》故事通过大量人物被栩栩如生地呈现出来，从白胡子的男人到马背上的圣人，甚至还有一个长着带刺爪子和巨大犄角的黑色魔鬼蹲在火焰中央。135 个无躯干的天使的头从扁平的横梁向下凝视，就像天堂法庭里等待着的看守人，每个天使都有自己独有的表情。在他们仁慈目光的注视下，《圣经》故事开始上演。

这里的壁画以起源于拜占庭早期基督教意象的僧侣风格绘成，其中宗教人物的重要性体现在他们的比例大小上。这就解释了为什么会有三个同样胡子和头发花白的男人占据主导位置，他们围成了一个六边形，位于基督的上方。位置和尺寸都为他们的象征价值提供了线索：他们代表了关于圣父、圣子和圣灵的“圣三位一体”。在支撑他们的框架最远处的角落，有四个象征着福音书作者（也就是《圣经》中四部福音书的作者）的标志：狮子代表圣马可，鹰代表圣约翰，公牛代表圣路加，天使代表圣马太。还有另一个相比之下更大的人物出现在形形色色的场景中，甚至横跨左手边的墙。这是骁勇善战的骑士圣乔治——基督教圣徒中著名的屠龙者，代表了基督教圣徒以其英勇和善良的品德战胜了异端和邪恶。尽管圣乔治生于 3 世纪的卡帕多西亚（死于 303 年），但他在埃塞俄比亚广受尊崇，几乎和圣母马利亚一样经常出现在当地的基督教艺术作品和圣像中。尽管圣乔治并非来自西方世界，但他在大部分艺术作品中的形象都被“白人化”了（指他被西方世界也就是白人世界所接纳和尊崇），甚至被奉为英格兰的守护神。

房间的主要构图焦点是一个巨大的十字架，类似于早期佛罗伦萨文艺复兴时期的绘画，例如契马布埃在圣十字圣殿创作的《耶稣受难像》（约 1265 年）。实际上，这些壁画的绘制时间似乎属于一个比 18 世纪初更早的时间点。单调的场景，没有采用任何空间上的“透视退后”（perspectival recession）技巧，风格化的脸庞和条纹衣服与早期拜占庭教堂里的圣像很像。基督教的这种绘画语言是随着埃塞俄比亚当局与境外的僧侣首领建立联系而传入的，进而他们开始雇用欧洲和中东的工匠来装饰该地区的教堂。这就解释了为什么这座教堂墙上的人物不是当地人的黑色肤色。从非洲之外借鉴的这种艺术风格随着国际贸易往来规模的扩大而加强；13—17 世纪，埃塞俄比亚是欧洲和非洲之间的一个连接点，当时欧洲商人从这里另辟蹊径，寻找可以绕过伊斯兰控制的贸易路线的替代方案。

这座教堂本身可以追溯到 17 世纪，即在 1632 年，法西利达斯皇帝下令宣布埃塞俄比亚帝国的贡德尔成为该国的新都和国王府邸的所在地（埃塞俄比亚教堂的历史要比这长得多，因为埃塞俄比亚是继亚美尼亚之后，世界上第二个把基督教作为国教的国家）。最初的祭拜场所建于 17 世纪末，由伊亚苏二世下令修建，被命名为“Debre Berhan”，意为“光之山”，源自他的绰号“Berghan Seged”（光向他鞠躬）。然而，在一定程度上，光也预示了它的衰落，因为后来教堂被闪电击中并被摧毁。现今的结构可以追溯到 18 世纪，在那时，内部的壁画才算完成。它在逆境中幸存了下来——也许是天花板上的天使保护了它，比如天使们集体凝视的力量震慑住了潜在的掠夺者。实际上，

上图和对页顶端：中央描绘的是耶稣受难，上方是三个长着胡子的男人，象征关于圣父、圣子和圣灵的“圣三位一体”。

下图和对页底部：骑着白马的圣乔治、圣母马利亚和耶稣在左边的墙上按层级比例排列。

据说在 19 世纪，他们中的一位保护了这座教堂免遭破坏；1888 年，苏丹马赫迪的托钵僧洗劫了贡德尔城，他们烧毁了该城除天使头教堂之外的所有教堂。根据当地的传说，当时有一群蜜蜂降落在院子中，击退了军队，而大天使长米迦勒则拿着一把熊熊燃烧的剑，站在巨大的木门前。

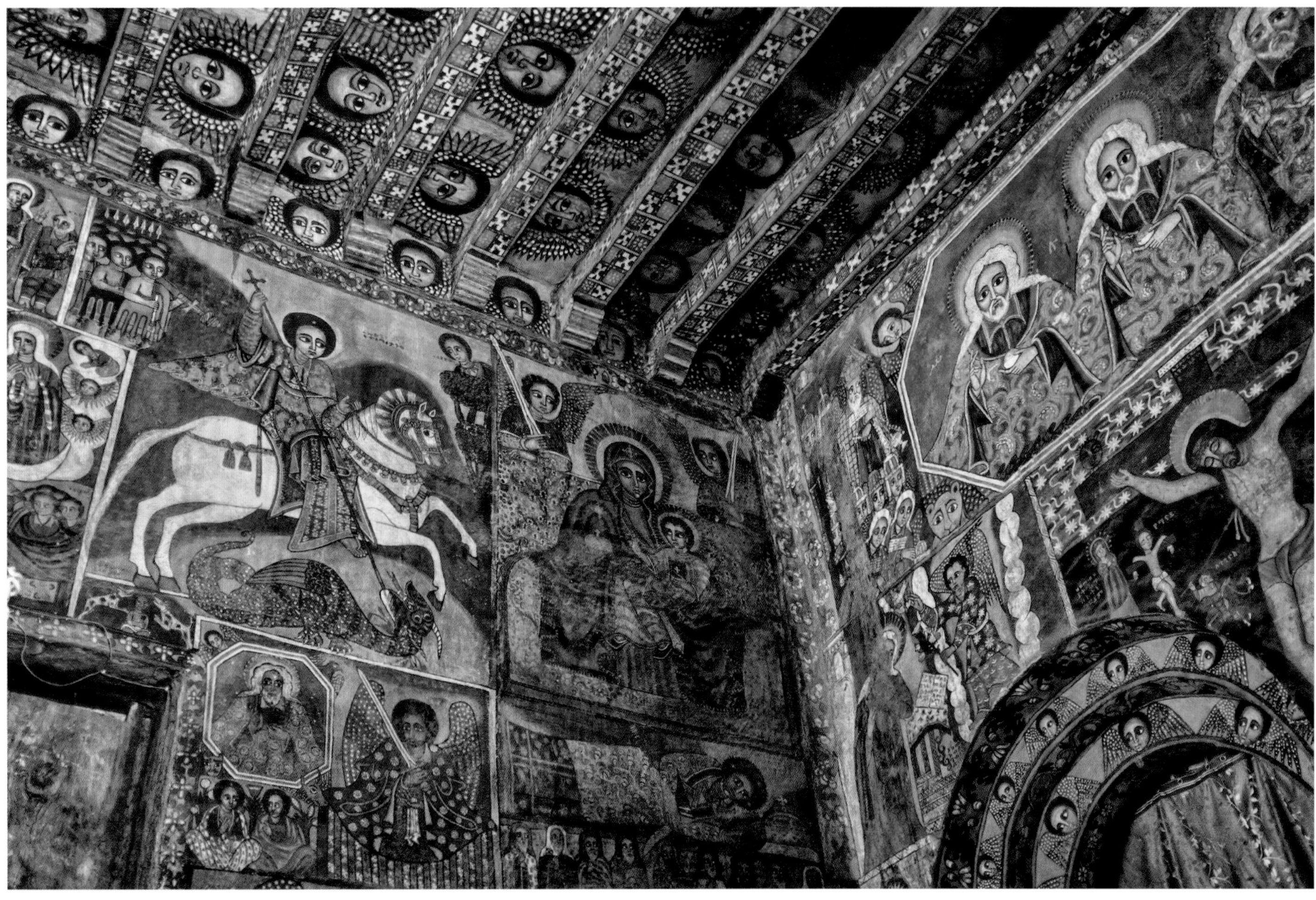

浅草寺

堂本印象，川端龙子

1957 年

日本东京

左图：两个类似天使的人物中的一个正将她的莲花花瓣撒向寺院。

次页图：尽管起源于公元前 5 世纪，但现在的版本要追溯到 20 世纪 50 年代。

浅草寺，日本东京

两个巨大、身披由五彩斑斓的丝线编织的薄纱的少女在半空中旋转着，她们撒落的莲花似乎正随着空中的微风摇曳。她们身体的下半部分被深红色的薄纱包裹着（并在其身后舒展开来），脖子和手腕上还佩戴着精美的珠宝饰品。她们来自日本佛教，被称为“天女”，这种天使般的人物一般致力于赞美神灵，经常被描绘为正在跳舞或是轻柔地敲击乐器。她们占据着有利位置，从外室到浅草寺的本堂（正殿），俯视并祝福着大厅门口的人们。也许让人意想不到的是，这里还是一个室内购物商场，每年可接纳大约 3000 万名游客，是世界上访问量最大的宗教场所之一。

日本佛教从印度早期的印度教神话中的吠陀传统中引入了这些天使般的侍者，6 世纪，这种宗教在中国、日本和东南亚传播开来。尽管天女是一种起源于公元前 5 世纪印度佛教的古老神灵，但这里的视觉调用可以追溯到 1957 年，由日本的日本画艺术家堂本印象创作，他丰富的作品包括为佛教寺庙和神社创作的大约 600 幅室内屏风和穹顶画。

浅草寺的起源可以追溯到 628 年，根据当时的传说，有两名渔民在隅田川发现了一尊慈悲女神（也被称为“观音”）的雕像。观音是日本人对道教神仙慈航真人和印度观世音菩萨的挪用。作为一个菩萨，观音为了普度世间的众生，推迟了自己永恒的开悟。轮回和转世的主题一直在继续，因为不管渔民将这座雕像丢弃多少次，它总能回到他们身边，直到渔民带着它去找浅草区村长。于是人们就在附近修建了一座庙宇供奉这尊雕像，也就是浅草寺的前身。10 世纪，平公雅为感谢他成为武藏国（包括现在的东京、埼玉县及神奈川县的部分地区）的武藏守，将该寺庙扩建成一个由七座建筑组成的建筑群。1041 年，浅草寺毁于一场地震，之后经历了重建，但在 1079 年又被一场大火夷为平地；直到一个世纪之后，才再次被重建。浅草寺的倒数第二次翻新始于 1649 年，持续了 3 个世纪，后于 1945 年在盟军的空袭中被摧毁。

现在的重建始于战后的 20 世纪 50 年代，就在那时，堂本印象引入了“优雅的天女”这一形象。她们的中心还有一条龙，由日本画先驱川端龙子——一位极富热情、致力于广泛推广公益艺术事业的艺术家——绘制。在美国研究了一段时间的西方艺术的发展轨迹后，川端龙子回归了日本艺术的传统。

但除了它们在日本宗教和神话中的图像学作用外，这些图像还讲述了东西方艺术传统之间的文化冲突。东西方视觉艺术的首要区别之一是绘画中透视法的运用和三维景深的创造。在传统的日本绘画中，有一种可以通过大片空白感知到的“平坦”，而西欧近代早期的艺术作品则以景深和三维造型为特色，并通过操纵光和影来实现这一效果。

在江户时代的日本，任何形式的外来影响都受到严格限制，日本减少了对来自西方世界画作的需求。因此，不同方法之间进行对话的可能性也受到严格限制。就这样，日本在闭关锁国政策中实现了某种程度的繁荣，但随着 1853 年四艘美国战舰抵达江户湾，这种繁荣戛然而止。最终到明治时代（1868—1912 年），政府放开国门，外国绘画大量涌入，日本人开始与日本以外的“异域”世界接触。

上方和对页顶部：天女和龙的形象占据中心位置 。

然而，随着日本人对这些西方艺术风格的热情出现反弹，其中日本风格作为对日本传统绘画主题和艺术技巧的复兴而出现，但主题更广泛，风格也更加多样化。浅草寺的龙和天女以从矿石、贝壳、珊瑚和半宝石中提取的颜料绘制在日本和纸上，面对 20 世纪的全球化和西方的贸易往来，体现了日本艺术的传统技法。

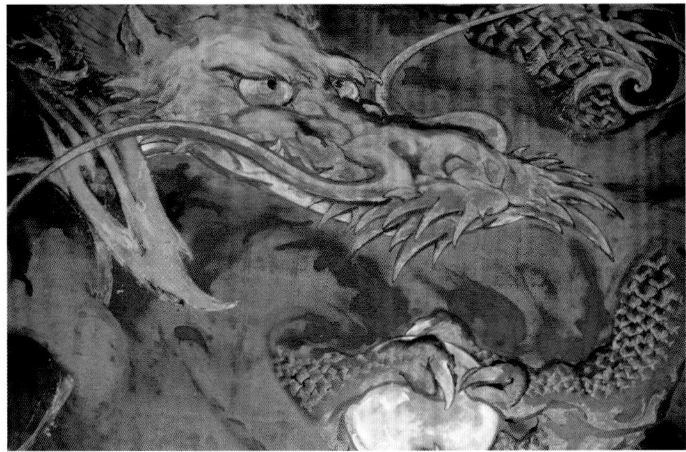

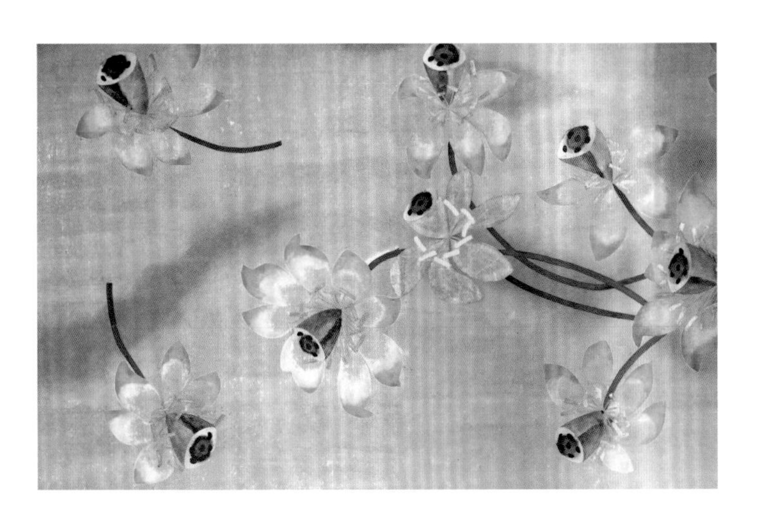

中间图：龙的形象。

底部：彩绘莲花的细节构成了天花板的一部分。

2

文化

一个置于适当地点的穹顶画可以实现多种价值，例如，可以愉悦巴黎歌剧院里思绪漫游的观众，取悦维也纳城堡剧院的赞助人，活跃斯德哥尔摩地铁站日常通勤单调乏味的气氛，或滋养斯特拉霍夫修道院神学图书馆里的智慧思索。也许，它甚至可以让人在赌场里不知不觉地多花钱，就像戴尔·奇胡利为贝拉吉奥赌场酒店创作的《科莫湖之花》(*Fiori di Como*)那样——用两千多朵玻璃花在酒店大堂的天花板上创造了一个颠倒的玻璃花海。

世界级的艺术画廊和博物馆（也就是所谓“文化圣殿”）的天花板都装饰得非常漂亮，这并不令人意外，但游客们很少会注意到它们，而是热衷于到墙上或者展柜里去寻找游览清单上的热门展品。然而，仰望穹顶意味着在欣赏佛罗伦萨乌菲兹美术馆东翼的天花板时，置身于早期知识分子关于思想和文化抱负的背景之中；仰望穹顶意味着沉浸在赛·托姆布雷为巴黎卢浮宫青铜厅创作的壁画《天花板》那不可思议的无限蔚蓝之中。

接下来要谈论的这些文化场所的穹顶画各式各样。它们通常表达的是政治与精神主题，和本书中的其他章节有所重合。例如，圣何塞国家剧院楼梯上方的穹顶画描绘了一则关于咖啡和香蕉的出口贸易给哥斯达黎加带来了现代化财富（包括电）的寓言，把经济贸易和艺术资助事业结合在了一起。在另一个更具超自然主义风格的主题中，墨西哥的托卢卡植物园围绕着人类和星辰的宇宙一体性展开，而萨尔瓦多·达利和他妻子在《风之宫天花板》中的超现实主义神化，与权贵人士宫殿天花板上那种自我吹嘘的神化有很多相似之处。

马克·夏加尔

巴黎歌剧院的天花板

1964 年

又名加尼埃歌剧院，法国巴黎

左图和次页图：绚丽多彩的“夏加尔天花板”，由五个具有象征意义的“花瓣”组成。

巴黎歌剧院，法国

1962 年的一个晚上，法国文化部部长安德烈·马尔罗在巴黎歌剧院度过了一个令人失望的夜晚。这座金碧辉煌的艺术圣殿于 1875 年作为该城的芭蕾舞剧和歌剧之家，首次向公众开放。马尔罗对天花板上的壁画十分失望，这幅画由朱勒 – 欧仁·勒内普弗在 1869 年到 1871 年绘制，在画中柔和的天空中，披着丝织物的半裸人物姿态慵懒，周围环绕着长着翅膀的神灵。对马尔罗来说，这样的作品代表了“消防员艺术”（ l'art pompier，对当时学院派绘画的贬义称呼），一种过于关注保守的资产阶级传统和品位的艺术，和 20 世纪 60 年代的巴黎不再相关。

重新装饰天花板的决定并没有留下太多文字记载，但好像是经过了一系列讨论，才最终默许马尔罗向俄罗斯艺术家马克·夏加尔提出这一邀约。然而，保守的新闻媒体和马尔罗之间的激烈争论接踵而至。他们将攻击对象转向了夏加尔本人，说他是外国人、犹太人、先锋派艺术家，但面对所有的公众抗议，文化部则直言不讳地回答道：“天花板将由夏加尔重新装饰，否则我们就关闭歌剧院。”

马尔罗和夏加尔自 1924 年在夏加尔的巴黎首次展览上相识以来，就一直是密友。夏加尔是个合适的人选，这基于他在剧院尤其是舞美设计方面的工作经验。1911 年，他曾协助他的老师莱昂·巴克斯特为佳吉列夫的俄罗斯芭蕾舞团设计舞台布景，并在 20 世纪初接触到了剧院的指导原则，如音乐、艺术（这里指绘画）和舞蹈的实验性融合。之后，夏加尔还为莫斯科犹太剧院和阿列克西·格拉诺威斯基[1]导演的戏剧、纽约市芭蕾舞团版本的《火鸟》，以及莱奥尼德·马赛因的现代主义芭蕾舞剧《阿列科》，设计了舞台布景和戏服。

这项工作在高布兰挂毯厂一块 240 平方米的画布上展开。据说，当时夏加尔工作起来不吃不喝，整天听莫扎特的音乐。他精力充沛，作画不到 15 分钟，就能把一支画笔用坏。夏加尔的艺术创作基于色彩与自由之间的关系，这与法国三色旗所包含的民族认同观念不谋而合。对他来说，色彩和光线是最有效的表达方式，而巴黎歌剧院的这幅作品则赞颂了夏日普罗旺斯的多彩活力。

天花板上的圆形图案以一朵代表着法国的鲜花为参考，由五片不同颜色的“花瓣”组成。夏加尔为这件作品构思了一套理论：每片“花瓣”代表了巴黎歌剧院常备曲目中的两位作曲家，其中还调用了巴黎地标的图像。

白色“花瓣”是在向作曲家拉莫和德彪西致敬，以纪念他们的作品。夏加尔的赞助人马尔罗从窗口向外看的肖像兼作德彪西的歌剧《佩利亚斯与梅丽桑德》中的一个片段。这也标志着夏加尔在有意识地借鉴过去的艺术风格，尤其是文艺复兴时期的绘画传统，即作品中经常会出现赞助人的肖像。有一个性感撩人的裸体指向绿色“花瓣”，这片“花瓣”是献给瓦格纳和他歌剧中的一对悲剧恋人——崔斯坦与伊索德，以及柏辽兹的戏剧交响曲《罗密欧与朱丽叶》的。这部作品提供了某种政治

1　阿列克西 · 格拉诺威斯基（Alexis Granowsky，1890—1937 年），俄罗斯戏剧导演，后又成为电影导演。

上图："夏加尔天花板"与巴黎歌剧院的建筑风格完全不同。

对页顶部：绿色"花瓣"的细节，包括凯旋门两侧的两对恋人：罗密欧与朱丽叶骑着颠倒的马飞走了，崔斯坦和伊索德躺在靠近穹顶镀金外沿的绿色水域里。蓝色"花瓣"上还有一个巨大的天使，拿着装饰有莫扎特肖像的花环。

对页底部左图：让－巴蒂斯·卡尔波创作的《舞蹈》，是巴黎歌剧院门外四个由"埃沙庸大理石"（Échaillon stone，法国东南部中生代厚层石灰岩）雕刻而成的雕塑群中的一个。

对页底部右图：醒目的红色"花瓣"将法国和俄罗斯联系在了一起，黄色"花瓣"与疯癫和狂热有关。

上的共鸣，旨在反映"二战"后几十年来法国和德国之间的和解。另外，夏加尔还把巴黎的凯旋门、协和广场这类地标性建筑囊括其中，作为颂扬和平的进一步象征。

红色"花瓣"将法国和俄罗斯联系在了一起，并通过对斯特拉文斯基的芭蕾舞剧《火鸟》和拉威尔的芭蕾舞剧《达芙妮与克罗埃》——它们被选为穹顶画的落成典礼作品——的描述来致敬俄罗斯芭蕾舞团的创造性革新。一个神秘的半人半鸟形象是艺术家的自画像，奠定了他在这里的不朽地位。一座巨大的埃菲尔铁塔作为巴黎精神的象征，将这些图像分隔开。

《火鸟》炽烈的红色逐渐变淡并融入下一片"花瓣"欢快的黄色之中，在这里，夏加尔的色彩象征发生了意想不到的转变。他把黄色与疯癫和狂热联系在一起，这一点体现在他选自阿道夫·亚当的同名芭蕾舞剧《吉赛尔》中的吉赛尔这一形象上，吉赛尔是一位因心碎而发疯的女主角。一个巨大的天鹅女弓起脊背，代表柴可夫斯基的大型芭蕾舞剧《天鹅湖》，探讨了爱与悲伤、动物与人类、光与影等环环相扣的主题。

最后一片"花瓣"是蓝色的，由夏加尔根据他本人的文化传统和音乐喜好绘制而成。他以歌剧《鲍里斯·戈东诺夫》中的一个片段，向它的创作者、"俄罗斯音乐之父"莫杰斯特·穆索尔斯基致敬。一个裸体天使，具有基克拉迪[1]人物雕像极其简洁的身体特征，手里拿着一个装饰有莫扎特肖像的花环。这就是夏加尔表达的另一种神性，取代了隐藏在他作品下的勒内普弗所绘的那幅画作中的神话人物。对夏加尔来说，莫扎特就是神，他的歌剧《魔笛》是关于唯灵论的巅峰之作。

1　青铜时代早期，爱琴海中部的基克拉迪群岛形成了一种文明，并在艺术方面，以其简洁的人物雕像而闻名。这些人物雕像有着七弦竖琴形的头部，但没有眼睛、耳朵和嘴巴，较长的鼻子呈半圆锥体，用一些凹刻的线条来区分双臂、双腿等部位。

古斯塔夫·克里姆特

壁画

1887年

城堡剧院，奥地利维也纳

左图：克里姆特的壁画在维也纳城堡剧院富丽堂皇的楼梯上方若隐若现。

次页图：《泰斯庇斯的马车》（*The Cart of Thespis*，1886—1887年）。根据古希腊的文献来源，例如亚里士多德的记载，泰斯庇斯被认为是有史以来第一个装扮成剧中角色并登台演出的人。“巡回演出”这一概念的提出也被认为归功于泰斯庇斯，因为他时常驾着一辆装满各类道具、戏服和面具的马车旅行。“悲剧的或戏剧的”（thespian）一词的诞生便源于他。

城堡剧院，奥地利维也纳

城堡剧院坐落在维也纳皇宫和历史古迹林立的环城大道的帝国中心地带。最初是在18世纪40年代由奥地利哈布斯堡王朝的女大公玛丽亚·特蕾莎下令修建，她希望自己的宫殿附近能有一座剧院，这样的话，就会方便很多。19世纪70年代，这座剧院经历了翻新，并最终在1888年向美好而强大的“世纪末”（fin de siècle，特指风气颓废的19世纪末）的欧洲开放。

当时装饰剧院内部那两个宏伟楼梯的著名任务，被委托给了一个由三位年轻艺术家组成的、被称为“画家集团”（Künstler-Compagnie）的团体。这三个人分别是古斯塔夫·克里姆特、他弟弟恩斯特，以及他们的朋友弗郎茨·马奇，他们于1883年组成了团体。装饰城堡剧院的楼梯是他们作为团体接到的第一个委托，而事实证明，他们完成得非常出色，并在1888年被奥地利帝国皇帝弗郎茨·约瑟夫一世授予金十字勋章。城堡剧院里的壁画采用的是由维也纳艺术学院官方认可的当时盛行的学院派历史绘画风格，它们的成功标志着后来者成为文化机构的新宠。

随着时间的推移，这个团体的关键人物古斯塔夫·克里姆特厌倦了历史绘画那令人窒息的宏大风格，而这种风格基本上是为了迎合资产阶级和贵族的喜好。1897年，他成为维也纳分离派运动的发起人之一和第一任主席，这场运动旨在打破当时的文化保守主义，迎接一种新的艺术表达自由。克里姆特后来用他作品中的肉欲和颓废的情色主义挑战了权威，引发了巨大的争议。其中最著名的是他为维也纳大学创作的那些扭动着身体的女性裸体壁画（毁于第二次世界大战），在议会中引发了一场辩论。但在城堡剧院，规范化的风格和精心设计的主题则由戏剧导演兼作家阿道夫·冯·维尔布兰特设定。

这十幅画描绘了戏剧的演变和三位古典剧作家，主题包括音乐、舞蹈、中世纪神秘剧、演员和观众等。在右边的楼梯上，五幅作品中有三幅由古斯塔夫·克里姆特绘制，它们分别是《狄俄尼索斯的祭坛》、《泰斯庇斯的马车》和《莎士比亚的环球剧院》。第一幅画是关于希腊神的崇拜，在古希腊神话中，酒神狄俄尼索斯掌管着喜剧和悲剧（还有极乐和美酒）。在这里，酒神的两个女性追随者被称为“女祭司”，她们慵懒地待在祭坛前，其中一人手捧着一尊供奉给神明的雅典娜女神的小雕像，另一人则惬意地躺在豹子皮毯子上，慵懒之中透露出几分性感和对质地的关注，这正是克里姆特后来作品的特征。

在《莎士比亚的环球剧院》中，《罗密欧与朱丽叶》这一悲剧的高潮部分正在一群身着伊丽莎白时代服饰的观众面前上演，其中包括伊丽莎白一世本人。而在包厢里，舞台的最右边，一个帅气的、戴着轮状皱领的年轻男子是艺术家本人唯一的自画像，他弟弟恩斯特在他身后，弗朗茨·马奇则披着一件黑色天鹅绒斗篷坐在兄弟俩身旁。芙洛格姐妹及其放荡不羁的朋友们也以各种各样的伪装出现在其中。1891年，恩斯特·克里姆特娶了芙洛格姐妹中的大姐——海伦娜，同时艾米丽·芙洛格成为古斯塔夫·克里姆特的人生伴侣，并在他1918年去世后继承了这位艺术家一半的财产。

在《泰斯庇斯的马车》中，克里姆特描绘的是这位古代悲剧演员驾着一辆兼做舞台的马车周游阿提卡的情景，而历史上

G·KLIMT·

的观众（在这幅画中，他们穿着古典长袍，梳着古典发型）占据了大部分的图像空间。尽管楼梯装饰的灵感源自戏剧的历史和最杰出的剧作家，但大部分画作的场景仍以历史上的观众为主，因为他们构成了戏剧体验的本质。毕竟，这些楼梯便利了自私自利、熙熙攘攘的人群，他们来城堡剧院既是为了在社会上抛头露面，也是希望能从戏剧作品中有所收获。当观众们在茶歇期间仰观时，他们可以看到自己被画在了建筑的穹顶上，就仿佛自己也成了当代戏剧奇观的一部分。

对页顶部：《莎士比亚的环球剧院》（1886—1887 年）中绘有“画家集团”三位成员的肖像。古斯塔夫·克里姆特戴着轮状皱领坐在剧院的包厢里，他的弟弟恩斯特·克里姆特坐在他身后，弗郎茨·马奇披着一件黑色天鹅绒斗篷坐在两兄弟身旁。

对页底部：《狄俄尼索斯的祭坛》（1886—1887 年）。

上图：中央面板展示了古斯塔夫·克里姆特绘制的《陶尔米纳剧院》（1886—1887 年）。西西里岛上的这座古代剧院的历史可以追溯到公元前 7 世纪初。

左图：古斯塔夫·克里姆特绘制的《艾米丽·芙洛格的肖像》（1902 年）。

ΦΕΙΔΙΑΣ
ΛΥΣΙΠΠΟΣ
ΣΚΟΠΑΣ
ΠΡΑΞΙΤΕΛΗΣ
ΚΗΦΙΣΟΔΟΤΟΣ

赛·托姆布雷

《天花板》

2010年

卢浮宫青铜厅，法国巴黎

左图：赛·托姆布雷在卢浮宫青铜厅创作的《天花板》。

卢浮宫，法国巴黎

赛·托姆布雷在卢浮宫青铜厅用一片蔚蓝填满了上方的天花板，也许这种蓝会让人感觉不舒服。但当你走在卢浮宫里时，它会出乎意料地出现在你眼前，就像现代主义那充满活力的和弦在建筑最古老的部分产生的回响。在这片蓝色的天花板上，重叠的金色、银色和灰色圆盘像轨道上运行的天体一样相互掩映。有些地方延伸到了坚固的镀金飞檐的边框之外，暗示了一个广阔无垠的区域——其面积已远远超出400平方米的绘画空间。白色插入图案像几何状的云朵一样盘旋，上面刻着公元前4世纪希腊雕塑家的名字：Cephisodotus（塞弗索多斯）、Lysippus（利西普斯）、Myron（米隆）、Phidias（菲狄亚斯）、Polyclitus（波利克里托斯）、Praxiteles（普拉克西特列斯）和Scopas（斯科帕斯）。这些古代艺术家拿起石头，把它们变成神与人类的造型，用它们来装饰庙宇、家园和城邦。

在卢浮宫这“华丽天篷”下的玻璃橱窗和橱柜里，大约收藏了1000件青铜和其他贵金属制品，从图章戒指和头盔到用黄金制成的月桂王冠。这些东西都是由地球上的资源制成的，金属矿石被开采、打磨和抛光，使其在日光或星光下闪闪发光。作为艺术品，它们讲述了人类的双手如何开采并利用地球上的资源，以创造历久弥新的文明象征——我们的奖杯、珠宝和工具，以及那些关于我们是谁的纪念物。但是，在这一切之上，有天空，有地球永不停歇的穹隆，有我们永远无法占有的深渊。

托姆布雷将这幅壁画简单地命名为《天花板》，而关于它的任何解读都是有意为之的开放式的，尤其因为这位艺术家出了名地低调，对自己的作品几乎闭口不谈。所以，我们可以认为青铜厅的《天花板》讲述了人类经验，悬置在我们开采、利用的大地和渴望的天空之间，把我们的所有梦想和灵性都投射到了天上。

托姆布雷于1928年出生在美国弗吉尼亚州的列克星敦，但他一生中的大部分时间都是在罗马及其周边地区度过的，全身心地投入古老的地中海艺术和神话中。这似乎与他标志性的图像创作风格不一致，比如使他成名的抽象形状、以潦草笔触书写的经常被擦去或重写的文字。尽管托姆布雷进行了现代主义实验，但他的作品经常冠以神话中的神明和故事之名，正因如此，哲学家让·吕克·南希认为托姆布雷画的是“没有面孔的神明”。考虑到这一点，我们也许可以用类似的方式来解读他的穹顶画，作为一种深刻的精神层面的色彩表达，但又是不可知论的，存在于时间和传统之外。

话虽如此，这幅作品并非没有艺术史上的先例。托姆布雷自己也承认，他的灵感来自中世纪意大利教堂里的穹顶画，特别是1305年乔托·迪·邦多纳在帕多瓦斯克罗威尼礼拜堂创作的壁画。在这里，墙壁和天花板上的深蓝色背景提供了另一个关于色彩比文字甚至图像更有说服力的范例。在乔托的时代，这种被称为“青金石”的半宝石被进口到欧洲，用来制作“深蓝色”颜料。到15世纪，艺术作品中的大面积蓝色成为炫耀性消费的一种标志，反映了赞助人的财富达到了令人惊叹的程度。所以这是一把潜在的“双刃剑”：蓝色的天花板悬置在人们头顶上方，象征着永恒的和平承诺，同时展现了这座建筑在拥有绝对财富和特权的专制主义时代作为皇家宫殿的历史，尤其是

ΠΡΑΞΙΤΕΛΗΣ
ΣΚΟΠΑΣ

国王路易十四（他于 1654—1678 年住在这座宫殿里）统治时期。

在 21 世纪的最初十年，托姆布雷是三位受邀在卢浮宫创作永久性固定装置——作为长期致力于建立历史与当代对话的项目的一部分——的当代艺术家之一（其他两位是弗朗索瓦·莫尔莱和安塞姆·基弗）。

对页顶部和底部：托姆布雷的《天花板》为卢浮宫青铜厅注入了一片色彩的海洋。

上图：作为文艺复兴时期艺术的狂热爱好者，赛·托姆布雷坦言，乔托在帕多瓦斯克罗威尼礼拜堂（在隐修教堂旁边）创作的那些蓝色壁画是他的灵感来源之一。

萨尔瓦多·达利

《风之宫天花板》

1972 年

达利剧院博物院，西班牙菲格雷斯

左图和次页图：观者站在达利宫殿风之厅天花板的中心偏右位置，仰望着巨大的脚迈入中心敞开的穹顶。

达利剧院博物院，西班牙菲格雷斯

这是一幅极不寻常的景观。四只巨大的脚掌从上方向下逼近，金币如雨点般从体内倾泻而出，随后穿过熔化的时钟，而长着昆虫腿的大象则从画面中浩浩荡荡地走过。中央的一个虚构穹隆通向太阳后面漆黑的夜空，在那里，从潜艇的发明到盘旋在空中的受难基督像，所有细节都互不相关。

我们处在艺术家萨尔瓦多·达利超现实主义想象的中心，这位多产的加泰罗尼亚挑衅者的作品囊括了神话、文学，以及内心被压抑的欲望与幻想。我们身处艺术家给世人留下的文化遗产——达利剧院博物馆，由加泰罗尼亚恩波塔的菲格雷斯市立剧院改建而成——的中心地带，该地区有令人恼火的狂风、令人浮想联翩的山脉和令人眼花缭乱的大海。博物馆的创建和里面的藏品是达利送给家乡的礼物，也是献给恩波塔——这是一个有自己独特艺术和文学神话的景观——的赞歌，占据了达利作品主题的中心地位。菲格雷斯的前剧院甚至在 1919 年举办了达利的第一次展览。

《风之宫天花板》是达利在其位于利加特港的工作室里的五幅巨大的画布上绘制的。画作的名字来自加泰罗尼亚诗人琼·马拉加尔的诗歌《恩波塔》(*L'Empordà*)，这部作品探究了该地区的神话起源，即牧羊人与海妖之间的爱情。牧羊人爱高山，在白天歌唱山峦无与伦比的美丽；而在夜晚，海妖则在月光下赞颂海上的水上乐园。高山与大海交相辉映，孕育了恩波塔平原，独特的“屈拉蒙塔那风”吹过，把这片土地变成了“风之宫”。这风通过山脉变得更为强劲有力，在西班牙故事中经常被描绘为一股残酷但不可思议的自然力量，播下了疯狂的种子，但也成为一束光，净化了双眼，平静了呼吸。天花板上那两个严格按照“透视法”技法创作的中心人物是萨尔瓦多·达利（留着标志性上翘小胡子）和他挚爱的妻子加拉。她是达利的灵感缪斯，经常作为神圣角色出现，比如圣母马利亚。据说，她接纳了达利（比她小 10 岁）作为新生儿、恋人、儿子和被保护者等各种角色，而且达利经常在他的画布上签字，坦言她就是自己的缪斯。甚至连达利自己也对妻子坦言：“我主要是用你的血来创作我的作品。”

在《风之宫天花板》中，夫妻二人升入夜空和潜意识，进入了驱动超现实主义运动通过文学和艺术寻求启蒙的领域。忠实于达利的超现实主义，这里的场景并没有传统的叙事逻辑，更多的是对互不相干的形式和符号的一种流动的、蒙太奇般的描述，就像在梦境中一样。那些认同超现实主义运动的艺术家和作家最常引用的口头禅之一是“缝纫机和雨伞在解剖台上偶然相遇”的概念，这句话来自洛特雷阿蒙的诗歌——他的作品经常被引用，作为“只有在梦境和奇迹领域，看似不相干物体的美和潜在的威胁才能结合在一起”的范例。

对达利和加拉的描绘也代表了马拉加尔诗歌中牧羊人和海妖的结合，这幅图像展现的不仅是达利和加拉的神化，还是恩波塔的神化，赋予了渗透在达利的艺术作品以及更广泛的西班牙艺术和文学典籍中的环境以不朽的地位。然而，一些资料来源则提供了另一个标题，即《达利和加拉慷慨而阴险地把我赚的金子撒在我同胞的头顶上》。简言之，这个标题强调了达利将他的艺术作品和博物馆赠予他的故乡，但也有其他隐喻性的联

想。在中心人物加拉的下方，有一个裸体女人，她的臀部有一扇敞开的门，从中流出了金币（据达利说，其中包括一枚真的金币）。这个元素与古希腊神话中的达那厄相呼应：宙斯化作金雨使她受孕，致使英雄珀尔修斯诞生，之后珀尔修斯杀死了蛇发女妖美杜莎。

达利和加拉的形象还出现在了画面的底部，他们凝视着远方在波涛中起航的命运之船。这反映了艺术家对艺术史的赞赏，借鉴了 18 世纪的法国画家让 – 安托万・华托的著名画作《基西拉岛之旅》（*Voyage to Cythera*），这是达利创作冲动的一个灵感来源。基西拉岛是罗马古典神话中维纳斯（爱与美之神）诞生的地方，也是另一个充满了情欲和想象力的地方，在很多方面很像达利钟爱的恩波塔小镇。

IGNOTO DEO.

乔瓦尼·多梅尼科·奥尔西和弗朗茨·安东·莫尔贝奇

18世纪

斯特拉霍夫修道院神学厅和哲学厅，捷克布拉格

左图：斯特拉霍夫修道院哲学厅图书馆的内景，一个描绘“神意”（Divine Providence）的图像占据拱顶中心，被一群德天使和堕落天使包围着。

斯特拉霍夫修道院，捷克布拉格

斯特拉霍夫修道院的图书馆是捷克共和国第二古老的藏书地，拥有超过25万册图书、3000份手稿和2000本古籍，为了制作这些书，捷克人耗费了一大片茂密的森林。这些纸质文本的保管者也来自这片森林。1120年，在法国埃纳省拉昂附近森林的一片空地上，来自科隆的神父、主教克桑滕的圣诺伯特（St Norbert of Xanten）创立了普雷蒙特雷修会。1143年，波希米亚公爵弗拉迪斯拉夫和奥洛穆茨主教在捷克共和国修建斯特拉霍夫修道院后不久，向普雷蒙特雷修会发出邀请，之后他们的首批代表从莱茵河流域来到这里。在中世纪的欧洲，知识的保存和传播很大程度上掌握在神职人员手中，圣诺伯特的普雷蒙特雷修会也不例外，因此，从12世纪末开始，修道院成为对宗教和世俗学者人文学科教学的中心。

在1670年成为修道院院长的希罗尼莫斯·希恩海姆的领导下，斯特拉霍夫的图书馆与神学厅由建筑师乔瓦尼·多梅尼科·奥尔西在同一时期建造。1721—1727年，普雷蒙特雷修会修士希亚·诺斯基在拱顶的灰泥涡卷饰上画满了壁画，描绘了智慧书《圣经》中《箴言》、《诗篇》和《新约》中的一系列场景。它们由一个共同的主题联系到一起，即智慧、认知和知识之间的关系，所有这些都对应着赞助人修道院院长希恩海姆所撰写的哲学论述中的思想体系。但矛盾的是，这本书竟成为禁书列表中的一员。

这幅穹顶画意象所包含的最重要的信条是，真正的智慧是通过谦卑和虔诚获得的，而不是通过对世界的理性主义理解。大厅一端的铭文也强调了这一信条：“initium sapientiae timor domini”（敬畏上帝乃智慧之初）。不过，信仰必须通过教育的支撑，才能增长智慧。拱顶中央的一块面板上描绘了一些看起来像是在进行慈善教育的人物，他们在一座宏伟的巴洛克式神庙的台阶上为青年和一些上了年纪的人提供指导，而神庙的涡卷饰上则写着“sapientia aedificavit sibi domum”（智慧自作其所）。

这个关于启迪和知识的主题穿过走廊，延续到图书馆之后的扩建部分，也就是哲学厅，它是18世纪末为了容纳更多的书籍而建造的，维也纳画家弗朗茨·安东·莫尔贝奇还于1794年为其创作了壁画《人类精神的进步》。一个描绘“神意”的图像占据拱顶中心，被一群德天使和堕落天使包围着。在一端，人类文明的开端是通过《旧约》中摩西、十诫和约柜的故事来呈现的；而另一端是使徒圣保罗在雅典的亚略巴古，这是《使徒行传》中的一个情节，其中，圣保罗针对广为流传的虚假的偶像崇拜，论证了基督教崇拜的真理和首要地位。

拱顶的右手边描绘的是希腊文明和哲学的发展，以亚历山大大帝和他的老师亚里士多德为代表，还有哲学家苏格拉底、第欧根尼和德谟克利特。拱顶的另一端展现的是科学的发展，以阿斯克勒庇俄斯和毕达哥拉斯等人物为代表，他们在医学和数学领域所做的努力构成了前现代的自然哲学研究。

另一组人物是被视为失败的启蒙运动的“弃儿”，这些误信者拒绝将基督教作为理解世界的途径，而是支持新的系统化的、世俗化的学习模式，就像德尼·狄德罗主编的《百科全书》这类著作所传达的那样。这些“弃儿”被认为对法国大革命造成的创伤负有部分责任，见证了对基督教会和有组织的宗教团体

WENCESLAVS

IGNOTO
DEO.

上图：斯特拉霍夫修道院神学厅图书馆的内景。

对页图：在哲学厅的一端，人类文明的开端是通过《旧约》中摩西、十诫和约柜的故事来呈现的。

对页图和上图：神学厅灰泥拱顶上的壁画意象所包含的最重要的信条是，真正的智慧是通过谦卑和虔诚获得的，而不是通过对世界的理性主义理解。

的镇压。不过，“包容”被证明是这座图书馆的主神，因为（同样不寻常的是）《百科全书》位于哲学厅第一批藏书之列。

除了狄德罗和他的同类——主张取代教权和王权的思想煽动者，还有另一群“弃儿”，她们被禁止进入修道院图书馆，也不能欣赏各个大厅拱顶上那丰富多彩的穹顶画：直到 19 世纪初，女性都不被允许跨入修道院的大门。当时欧洲新潮流和时尚的代表人物、英国政治家兼古董收藏家威廉·汉密尔顿爵士的妻子艾玛·汉密尔顿夫人，是第一批进入这个神圣的学习、知识和收藏空间的女性之一。

Ej upp
1 2 3 4
Upp

多位艺术家

地铁站

20 世纪 50 年代至 70 年代

斯德哥尔摩地铁站，瑞典斯德哥尔摩

左图：T– 中央车站。

斯德哥尔摩地铁站，瑞典

有时仰望穹顶需要先进入地下，斯德哥尔摩城市地铁系统的地下通道就是这种情况。这是一条不同寻常的艺术长廊，蜿蜒于瑞典首都的地下通道。该项目可以追溯到 20 世纪 50 年代，其动机是意识到车站通常作为沉闷的功能性空间，也可以服务于文化目的，这鼓舞了艺术家们为城市居民在城市中通勤时打造更具吸引力的体验。所以，他们替换了那些似洞穴般的地下空间里的裸露岩石和发白的条形照明，用一系列壁画和装置为交通网中百余座地铁站提供了别样的审美体验。

最早获得这种待遇的地铁站是 T– 中央车站，它也是 20 世纪 50 年代地铁艺术的发源地，这里的站台墙壁上装饰着抽象的瓷砖图案。不过，装饰它的最重要阶段发生在 20 世纪 70 年代，当时艺术家佩・奥洛夫・乌尔特维德创作了带有花卉图案、慰藉人心的蓝色壁画，那让人想起亨利・马蒂斯后期的作品和房屋被粉刷成白色的希腊岛屿的颜色，给斯堪的纳维亚冬季难以驱赶的黑暗带来一股明媚的南欧风情。按照同样的风格，在体育场站，一道巨大的彩虹从头顶上方划过，背景是明澈的蓝天。这一站是为附近的斯德哥尔摩奥林匹克体育场而设，该体育场于 1912 年为斯德哥尔摩奥林匹克运动会而修建。在这里，彩虹的五种颜色代表五个环环相扣的奥林匹克环。

并非所有的地铁站都如此活泼明亮。例如，红线上的建于 1973 年的皇家理工学院站是为瑞典皇家理工学院而设，这所大学于 1827 年建成并首次向理科生敞开大门。在这里，艺术家伦纳特・莫克利用物理定律和其他科学的神秘力量，打造了该站充满黄昏般氛围的内部装饰。拱顶上有一幅极具视觉冲击力的大理石壁画，搭配着站台上的五个规则的多面体，每个多面体代表了柏拉图提出的五种元素（火、水、空气、土和以太）中的一个。在蓝线上的国王花园站时，就如同置身于一个巨大的、长满苔藓的考古遗址之中，该地曾是宏伟的马卡洛宫殿的遗址。车站红、白、绿的配色与昔日这座拥有法式花园的宫殿相呼应，它的名字“Kungstradgarden”意为“国王花园”，指的就是该地区的皇家历史。这个人头攒动的地下洞穴的一个内部拱顶上装饰着马赛克图案，看起来像是将化石、绳结、花朵和棋盘图案结合在了一起，可以说是一个名副其实的想象力博物馆。这些给人一种身处前现代时期的“珍奇柜”里的感觉，人造世界的物品与宝石、贝壳、石头及不同的动植物群陈列在一起。这个地铁站可谓“生活模仿艺术”的一个例子，因为它的拱顶和墙壁恰好是一个独特的生态系统。另外，该地铁站是北欧唯一一个能找到穴居齿蛛（Lessertia dentichelis）的地方。还有证据表明，2016 年，科学家在地铁站的墙上发现了一种以前不为人知的真菌。

Stadion
Stadion

左图：色彩鲜明的彩虹蔓延在体育场站的拱顶和墙面上。

上图和底部：国王花园站红、白、绿的配色淹没了这个如洞穴般的地下空间。

中间图：国王花园站的入口本来计划建在公园里，但由于1971年的“榆树冲突”（The Elm Conflict，1971年5月11—12日发生的一场争端和公众抗议，起因是建设过程中由于一些漏水问题需要砍掉13棵古老的榆树），这个方案不得不改变。

次页图：皇家理工学院站，站台上有五个规则的多面体，每个多面体代表了柏拉图提出的五种元素（火、水、空气、土和以太）中的一个。

阿莱亚尔多·维拉

《咖啡和香蕉的寓言》

1897 年

国家大剧院，哥斯达黎加圣何塞

左图：阿莱亚尔多·维拉的壁画《咖啡和香蕉的寓言》的细节。

次页图：从国家大剧院的大厅观看《咖啡和香蕉的寓言》。

国家大剧院，哥斯达黎加圣何塞

艺术史学家醉心于揭示一幅画作的寓意，揭示隐藏在图像或文字中像珍贵的珍珠一样的故事或信息，而通常只有有见识的人才能瞥见。一些寓言经常会出现，如时间的流逝、胜利、和平治理和复活。有时寓言旨在说服观者认同某个抽象理念或特征的某种优越性，例如将绘画寓言与诗歌寓言做比较，或将视觉寓言和触觉寓言相提并论。寓言并不总是与光荣事迹有关，它们可以是悲剧，也可以表现邪恶、误判或是死亡宿命。

但是哥斯达黎加国家大剧院楼梯上方天花板上的壁画《咖啡和香蕉的寓言》与这一主流背道而驰：它是一个关于新世界国家通过大宗商品的出口实现转型和经济繁荣发展的寓言。如此，它取代了人们熟悉的神灵、政府或是神话形象，而是通过一个稳定繁荣的理想化梦想，使市场和贸易的力量不朽。

这幅长方形壁画是为 1897 年剧院的盛大开幕而绘制的，描绘了在一个被出口贸易改变的国家，一群快乐的工人正忙着为饥饿的国际市场供应香蕉和咖啡。咖啡树最初于 18 世纪 70 年代从埃塞俄比亚引入哥斯达黎加。到了 19 世纪，咖啡已经超过可可、糖和烟草成为哥斯达黎加的主要出口产品，激发了国际市场对咖啡因的渴望和热情，改变了该国落后的农业经济及其在世界舞台上的地位。

当时哥斯达黎加咖啡在国际市场上的需求量很大，而该国政府的出口税为许多企业创造了丰厚的收益，从资助年轻学者去欧洲旅行，到 19 世纪 90 年代修建一条连接该国与大西洋海岸的铁路。咖啡贸易不仅为哥斯达黎加的基础设施建设和智力发展提供了资金，还为国家大剧院的修建提供了必要的启动资金，这是该国投资艺术能力的一种慷慨体现。

拱顶画的左边部分，人们正在海边拖着一袋袋闪闪发光的咖啡豆，在他们身后的背景中，一个关于发展和淘汰的故事在旧世界帆船的垂直桅杆与新世界蒸汽船的烟囱之间上演，正如后来人们所看到的那样，后者将取代前者。新技术带来的刺激也可以在一个错误的细节中找到，灯柱从沙地上神秘地拔地而起。这指的是圣何塞电力的到来，而圣何塞也是世界上最早使用电力的城市之一。

在传遍全球之前，香蕉这一外来物种被引入哥斯达黎加，为其带来了财富和好运。香蕉原产于印度和东南亚，于 1834 年被引入哥斯达黎加并被大规模种植，后来成为一种十分普遍的商品。到 19 世纪末，这里的香蕉产量已达数百万吨。在这幅壁画的右边部分，一群婀娜多姿的工人正在收割香蕉，但在画面中央的那个黑人身上出现了另一个细节错误，就是他把香蕉拿倒了。这一错误可归因于这幅作品的画家，也就是意大利艺术家阿莱亚尔多·维拉，从未去过中美洲。

维拉是一位来自坎帕尼亚的平面艺术家，曾在米兰布雷拉美术学院接受教育。他似乎不是那个能使哥斯达黎加贸易所带来的革命性的文化影响永垂不朽的最佳人选，因为他过去一直致力于用画报宣传欧洲“美好年代”（Belle Epoque），他的海报上经常出现衣着暴露的美女，销售从汽油到香烟和巧克力等各种商品。这些穿着锥形胸罩的咖啡采摘者，面带微笑，腼腆地拉着头上的帽子，与维拉笔下欧洲画报上的女郎有某些相似之处。

上图：这幅壁画描绘了欢快嬉闹着的工人们正在收割香蕉和咖啡豆，它们是19世纪末哥斯达黎加的主要出口商品。

对页图：阿莱亚尔多·维拉的职业生涯以“美好年代”的画报设计为代表，为香烟等消费品做广告。

下图：《咖啡和香蕉的寓言》也出现在了萨尔瓦多5科朗的纸币上，该纸币已经不再流通。

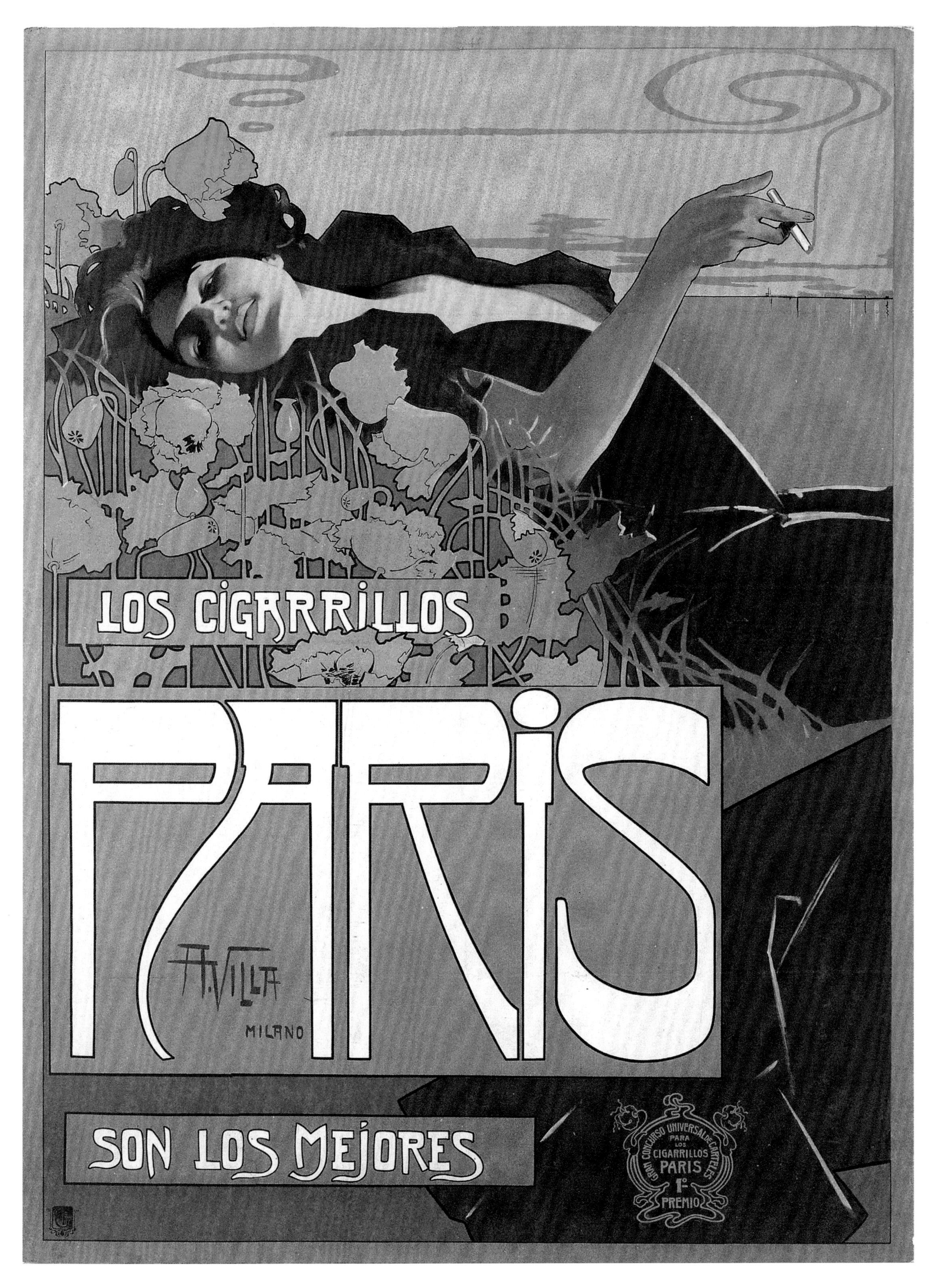

LOS CIGARRILLOS
PARIS
A. VILLA
MILANO
SON LOS MEJORES
GRAN CONCURSO UNIVERSAL DE CARTELES
PARA
LOS
CIGARRILLOS
PARIS
1º
PREMIO

安东尼奥·坦佩斯塔和亚历山德罗·阿楼瑞

各种各样的壁画

1580—1581年

乌菲兹美术馆东翼，意大利佛罗伦萨

左图：意大利著名的乌菲兹美术馆内景。

次页图：乌菲兹美术馆东翼的穹顶画。

乌菲兹美术馆，意大利佛罗伦萨

乌菲兹美术馆是欧洲最古老的美术馆之一，也是世界上最重要的西方艺术收藏地之一。难怪它一年四季都能吸引源源不断的游客前来参观。在所有展品中，人们通常都是直奔桑德罗·波提切利的《维纳斯的诞生》。然而，当游客汇入从一个展馆到另一个展馆的浩浩荡荡的人流中时，又有多少艺术朝圣者会停下来仰望美术馆东翼的拱顶？因为正是在这里，在巨大的走廊和相邻房间的46面天花板上，人们可以深入了解乌菲兹美术馆的政治和文化背景。它在建造之初，是一个关于文化和收藏的展示空间，展现了托斯卡纳大公的权威。

乌菲兹（Uffizi，这是一个意大利语词汇，意为"办公室"）美术馆曾是一座建于1560年的政务大楼，容纳了佛罗伦萨法律及其他部门的办公室。它由托斯卡纳第一代大公科西莫一世·德·美第奇委托建造。负责监督佛罗伦萨生产和贸易的地方行政官的13个办公室被安排在大楼的一层，二楼是大公国的行政办公室和工坊，专门用于制造各类珍宝。弗朗西斯科一世就任大公后，该建筑的二楼还设置了公国艺术收藏的最初陈列室。东边的走廊里有一系列古代雕像和半身像，并与许多房间——例如著名的讲坛厅（The Tribuna）——相连，里面存放着最珍贵的收藏品。正是在早期收藏的这一萌芽时期，安东尼奥·坦佩斯塔开始在东翼的拱顶上绘制壁画；1580—1581年，佛罗伦萨画家亚历山德罗·阿楼瑞和他的团队紧随其后。

拱顶上的图像千变万化，令人兴奋不已，从森林景观到充满各种鸟类的树冠状圆顶，再到乳头干涸的狮身人面像和斜眼的石像鬼等相对诡异的细节。尽管自然和怪异杂乱无章地交织在一起，但这里的一个统一主线是反复出现的"怪诞"风格，即几何图案的底色与白色表面和幻想的图案交替出现，其中包括在16世纪被称为"嵌合体"（chimaeras）的混合人物。15世纪80年代，这种怪诞风格在罗马扎根下来，因为人们在罗马的尼禄金宫（Domus Aurea）的地下遗址中发现了类似的装饰作品。那里的房间被深埋在时间的废墟之下，就是以这种类似洞穴（grotte）的风格装饰的，并由此衍生出洞穴风格（见奇耶里卡提宫，第162页）。

单独来看，关于这些图像的任何解读都是难以捉摸的，因为它们是由各种违背逻辑的布局和神秘符号组成的。然而，尽管看起来是相当神秘的图像（至少对当代观者来说），但从整体上来看，这些穹顶画能让人了解到馆藏艺术品的原始展示方式。因此，它们也暗示了艺术与16世纪佛罗伦萨的哲学和科学知识之间存在着一种同步性。例如，在17号房间里，装饰在拱券外沿和交角处的小天使丘比特拿着天平和星盘等科学物品，而绘画小品则描绘了将搁浅的船只拉上岸所做的努力。虽然我们无法知晓这个房间的最初布局，但很可能也最合乎逻辑的是，它所包含的科学物品与弗朗西斯科作为一个虔诚的自然哲学家和炼金术士的兴趣相吻合。同样，23号房间拱顶上有更多丘比特，这次是点缀在成堆的盔甲之间，而大花瓶里则展示着其他金属制品，也许是受到这位大公对冶金兴趣的启发。此外，还有一个空间用来展示他收藏的古董和现代武器（这本身就是他权力的体现，因此不乏是一种隐晦的威慑）。

然而，并不是所有的穹顶画都与房间假定的最初展示主题

ANGELO ACCIAIOLI A. FIOR.
P. IACOPO NACCHIANTI

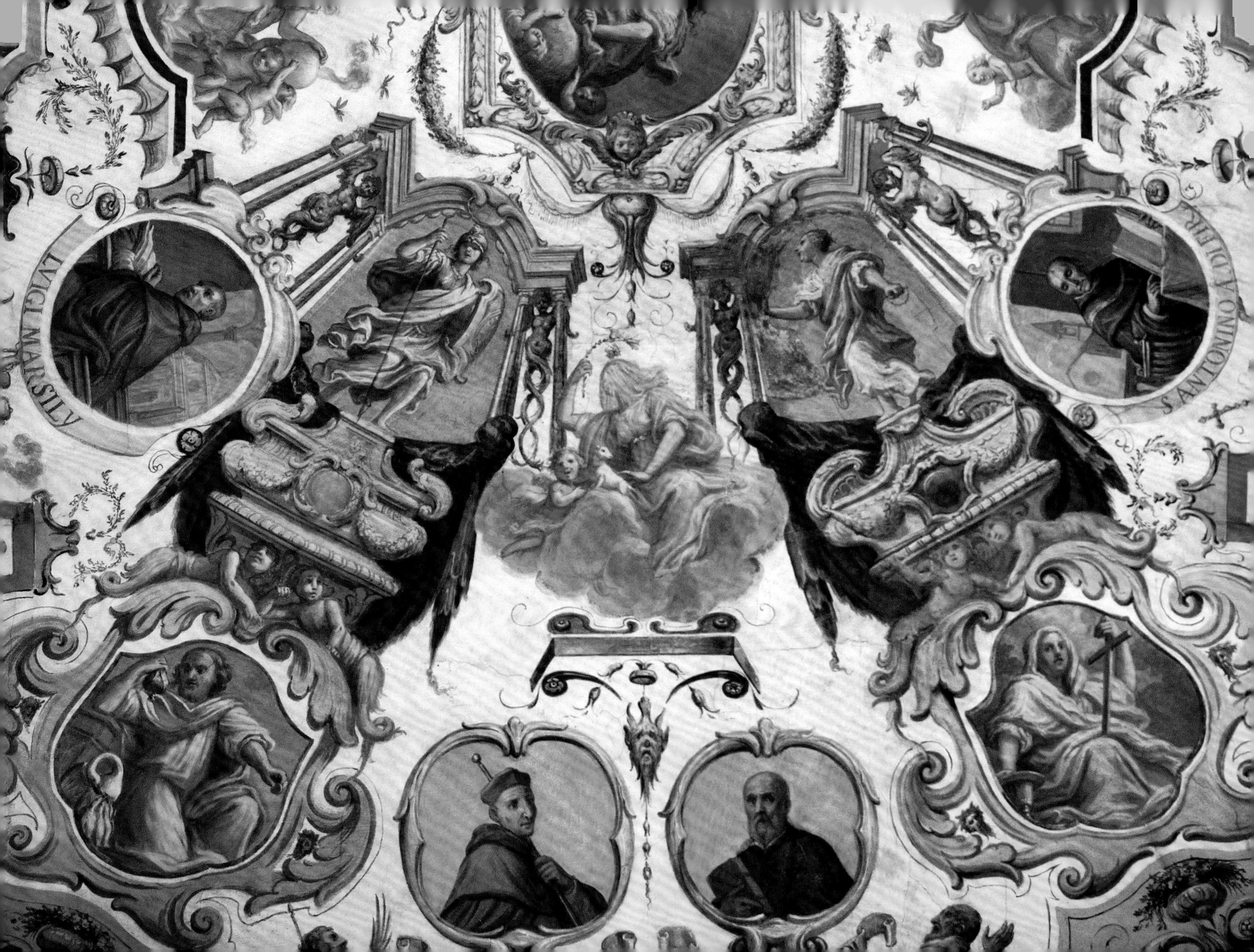
LVIGI MARSILY
S. ANTONINO A DI FER

相符。例如，20 号房间拱顶上有一幅展示佛罗伦萨露天广场附近景观的城市风景画；19 号房间展示了著名的美第奇家族的纹章，其中以科西莫一世的乌龟形徽章和弗朗西斯科一世的狐狸形徽章为代表。这里还展示了历史上的军事壮举，如亚历山大大帝发动的著名的海达斯佩斯河战役。

总的来说，东翼的穹顶画描绘了自然与人类的创造力、努力和转变的一连串可能性。这些图像佐证了乌菲兹美术馆的功能，它象征着美第奇家族的财富、品位、影响力和文化爱好，并将其呈现给最初的观众，这些观众包括政要、学者、科学家，以及那些与弗朗西斯科一世处于同一时期的统治者。

对页顶部：乌菲兹美术馆东翼的走廊。

上图和对页底部：乌菲兹美术馆东翼穹顶画的细节，两侧悬挂着众多杰出人物的肖像。

利奥波德·弗洛雷斯

《宇宙彩绘》

1978—1980 年

托卢卡植物园，墨西哥墨西哥城

左图：托卢卡植物园彩色玻璃上的同心圆到达其在女性肚脐上的中心——人类创造的象征中心。

次页图：彩色光线从彩色玻璃窗中透出，笼罩着整个植物园。

托卢卡植物园，墨西哥墨西哥城

在拱顶中央，有一对闪烁着琥珀色和金色光芒的男女，他们张开双臂，拥抱在一起。星带和占星物品以能量圈的形式环绕在他们周围，并形成了一种节奏，在拱顶和墙壁上回荡。在这些图像下面，五百多种植物沐浴在由巨大的彩色玻璃顶棚透出的彩色光线之中，喷泉潺潺流淌。我们被包裹在《宇宙彩绘》的彩色仙境中，这是墨西哥艺术家利奥波德·弗洛雷斯乌托邦式的精神愿景中关于人类与宇宙的哲学关系的思考。《宇宙彩绘》将感官作为一种全方位的体验，在黑暗、光明与自然界的元素中"探索宇宙创造力"这一主题，在这里，飞鸟化身为人类。此外，我们还可以看到银河系的神秘之眼。

现在《宇宙彩绘》所在的这栋钢架结构式建筑，最初构想于 1910 年，作为一个出售民俗手工艺品的室内市场，以庆祝墨西哥的独立。它深受 19 世纪末 20 世纪初古典主义建筑风格和新艺术运动的影响，被有意建在墨西哥城的政府办公大楼旁边，以鼓励艺术和政治之间进行对话。1972 年，该市场暂停营业，之后被改造成一个置于 1500 平方米彩色玻璃中的植物园，成为一个精神沉思的空间，而不是商业空间。

贯穿整个《宇宙彩绘》的强大精神力量以人类在宇宙和自然界中的位置为核心，而不是宣扬传统的对神一样的人物进行崇拜。然而，尽管如此，通过使用彩色玻璃对光线的操纵还是不可避免地让人将其与中世纪的基督教教堂——从教堂彩色玻璃窗透出的彩色光线成为神圣的超自然力量的象征——相提并论。在这里，植物园里的彩色光线变成了精神隐喻，而它穿透物质（玻璃）的能力则反映了精神的超验本质，即超越肉体的东西。这一点在更宏大的隐喻中得到了进一步表达，通过对拱顶画中占主导地位的星座的描绘，反复提及宇宙中的发光物质。

在拱顶北侧，孕育和新生的唤起期，即春分，被描绘成仙女座和猎户座腰带上的星星，它们像黑钻石一样闪耀在天蓝色的苍穹中。猎户座的神话诞生于古希腊和古罗马神话，其中，猎户座（由海神尼普顿的儿子俄里翁所变）是月亮女神狄安娜——她将俄里翁升上空，用夜空中明亮的星星使其不朽——的情人。在猎户座周围，三个圆形星云爆发出靛蓝、紫色和紫罗兰色的烟霞，汇聚在悬挂在拱顶上的中央玻璃壁炉架附近。与之相对，在拱顶的东部，秋分被描绘在射手座上，即众神之神朱庇特守护的木星所占据的天空部分，与创造力之火有关，这里用的是琥珀色、黄色和红色的玻璃。在这些星象中，男人和女人的形象占据了中心位置。

围绕着每个星座的同心圆形成了一个令人眩晕的图案，这些图案在女性人物的肚脐处到达象征性的顶点，换句话说，她是人类创造的宇宙中心。人类的起源，似乎与星星的起源相同——正如有人曾说，我们都是星尘。

《宇宙彩绘》暗示我们都是最大的星星——太阳——的孩子。在东边的墙上，一个巨大的"太阳人"举起双臂，指向射手座，双脚踩在地上，腹部燃烧着熊熊的火焰。每年 3 月的春分时节，太阳会与其完美地融合，在整整 20 分钟的时间里，彩虹般的光芒将充满花园内部的各个角落。与此同时，"太阳人"也在抬头拥抱那稍纵即逝的光芒，我们从哪里来，也将回到哪里去。

对页图：托卢卡植物园内的《宇宙彩绘》是世界上最大的彩色玻璃艺术品。

上图：一只蓝色的猫头鹰用它那炯炯有神的眼睛俯瞰着整个植物园。

顶部：燃烧的“太阳人”是植物园里引人注目的焦点。

戴尔·奇胡利

《科莫湖之花》

1998年

贝拉吉奥酒店，美国内华达州拉斯维加斯

左图：构成戴尔·奇胡利的《科莫湖之花》的玻璃植物群的细节。

次页图：色彩鲜明的发光玻璃本身就是财富和奢华的代名词，为贝拉吉奥酒店提供了一个最佳的中心装饰。

贝拉吉奥酒店，美国拉斯维加斯

莫哈韦沙漠是北美洲最干旱的沙漠，两侧是被称为“死亡谷”的盆地，而盆地四周则是悬崖绝壁，地势险恶，极其荒凉。偶尔，也只有在适量的降雨之后，一片鲜花才会奇迹般地从沙石中探出头来，与别处贫瘠的环境形成鲜明对比。但降雨频率无法预测，而且也不适量。这是一个孤注一掷的案例，一个极端的故事。在莫哈韦沙漠，一切都是极端的，从严酷的自然环境到人造城市拉斯维加斯——它打破了这种极端恶劣的自然环境的限制。因为拉斯维加斯是一个充满奇观、欲望和诡计的金钱帝国，在这里，自然界被财富和对奢华的追求所驯服。在这里，人造火山在整点时刻喷发，喷泉与珍贵的水共舞，装有空调的中庭里生长着来自雨林的动植物，水箱里养着巨大的鲨鱼。而当大自然拒绝在沙漠中开花时，贝拉吉奥酒店和赌场的大厅里却总是盛开着绚丽的“鲜花”——两千多朵玻璃花悬挂在天花板上，就像一块色彩斑斓的海葵地毯。

巨大的贝拉吉奥建筑群的名字源于科莫湖地区的意大利同名小镇，其独特的局部气候滋养了大量繁茂的植物。艺术家戴尔·奇胡利正是从这里获得了创作装置《科莫湖之花》的灵感。奇胡利第一次接触玻璃吹制技术是在1965年，之后在1969年，他成为第一个在意大利威尼斯著名的穆拉诺玻璃厂学习的美国人。穆拉诺岛是欧洲第一个重要的玻璃制造中心，自13世纪以来，那里生产的玻璃工艺品就一直是财富、奢华和摆阔的代名词。

到1980年，奇胡利已经开始与贝拉吉奥度假村的一些玻璃厂合作制作大型的、用于装饰的玻璃工艺品，他用金属氧化物给这些玻璃制品上色，然后将其手工（或利用离心力旋转）吹制成线条柔和的波纹形状。在贝拉吉奥，一个5吨重的钢制悬架将脆弱的“花朵”巧妙地置于天花板之上。这个装置是由当代艺术收藏家斯蒂芬·永利委托制作的，当时他是贝拉吉奥度假村的所有者和开发商，他希望能有一件壮观的当代艺术品来与相邻的海市蜃楼度假区（以前也为永利所有）的水族馆相媲美。据说，奇胡利的这件作品耗资1000万美元。

据称，《科莫湖之花》一开始是一个类似于“枝形吊灯”的装置，但永利每次来视察奇胡利的工作进展时，他都要求作品要多覆盖天花板一些。最后的结果是，一个由墨状白华组成的结构，流淌在视线中产生迷惑性的视觉效果，创造出一种与墙外沙漠的空旷格格不入的丰富和茂盛。与本书中的许多作品一样，这件天花板装置旨在创造一种具有强烈冲击力的感官体验，使观者迷失在重复的色彩幻觉中，暂时忘却理性的时间和空间，一直停留在赌桌和老虎机前。

奇胡利的昂贵委托并不是第一次，也不是最后一次，肮脏的金钱已经成为现当代艺术的相伴之物。贝拉吉奥酒店曾举办过从毕加索到沃霍尔的艺术展览，而最近在拉斯维加斯的棕榈树酒店的翻新中，我们还看到了该酒店与当代一流艺术家的合作，如达米恩·赫斯特，吧台后面挂着他艺术化处理的虎鲨尸体，旨在告诉那些住得起这里的人要笑着面对死亡与衰败。而这就是拉斯维加斯对奇观和赌博的热爱程度。它在无休止的娱乐和休闲的旋涡中驱赶着死亡，预示着无穷无尽的资源，以及永远不会结束或消失的诱惑力——金钱不会，生命不会，甚至鲜花也不会。

O
THANK YOU

上图和对页图：奇胡利醒目的玻璃花与酒店外贫瘠的沙漠形成了鲜明对比。

下图：奇胡利作品中玻璃花的创作灵感来源于意大利科莫湖附近生长的那些花儿。

3

权力

最简单的震慑方式是自上而下，这是一个便于观察的有利位置，因为所有权威都趋向于从此处降临。因此，在与权力相关的空间中，如皇室、专制者或统治者的宫殿里，拱顶的功能之一便是彰显这种统治地位。这是通过整合那些传达诸如巨大的财富、不朽的声名等信息来实现的。穹顶画中描绘的情感从恐吓到奇思妙想，实现的方式各种各样，从匠心独运的巧妙构图到对甲虫和蜜蜂的使用。例如，罗马巴贝里尼宫的《神意寓言》和曼托瓦德泰宫巨人厅里的穹顶画就采用了“仰角透视法”（字面意思是由下至上），这涉及用“前缩透视法”绘制画中人物和物体，以创造一种悬浮在空中的效果，而且有时画面会向下逼近并进入下方观者的空间（观者会在期盼中适时地向后退缩）。在牛津郡布伦海姆宫的北门廊上也可以感受到类似的审问和守护神的存在，以一连串脱离身体的眼睛的形式。

虽然本章介绍的这些穹顶分布范围广泛，从中世纪的格拉纳达到拉贾斯坦邦和土耳其，但它们属于一个占主导地位的时代：欧洲专制主义时代，采邑主教、教皇和国王们的时代。这并不是巧合，因为维尔茨堡宫、白厅宫的国宴厅和巴贝里尼宫都有一个共同的主题，那就是神化。在一个想象中的不朽王国，王公贵族被升华到与众神平起平坐，正如那些宏伟的穹顶所展现的那样，充满了粗俗的浮华、自负和虚荣。

然而，并非所有权贵宫殿的穹顶风格都是如此唯我独尊。相比之下，格拉纳达的阿尔罕布拉宫、伊斯坦布尔的托普卡帕宫、拉贾斯坦邦的本迪宫等伊斯兰风格的宫殿则给人一种更谦逊的感觉。虽然它们在视觉上给人留下了深刻印象，提供了丰富的感官体验，但它们更多提及的是创造的灵性和生命的流动，没有诉诸神化的自我吹嘘。有了权力，也就有了可以沉溺于快乐、休闲和喜剧之中的充裕时间，其中的例子包括叶卡捷琳娜二世位于圣彼得堡奥拉宁鲍姆的环境优美的中国宫，以及维琴察奇耶里卡提宫苍穹厅里那诙谐而令人意想不到的穹顶画。

彼得·保罗·鲁本斯

国宴厅的天花板

1629 年

白厅宫，英国伦敦

左图：鲁本斯创作的《詹姆斯一世的神化》位于中央面板之上。

国宴厅，英国伦敦

1649 年，查理一世国王在从他的寝宫走向行刑台的途中，最后看到的物品之一可能是他白厅宫府邸里国宴厅的彩绘天花板。谁知道呢，也许天花板中心那幅他父亲詹姆斯一世升入天堂的画面，对正在思索自己即将到来的死亡的查理一世来说是一种安慰。毕竟，他的父亲曾宣称国王是“上帝在人间的副手”，只对更高的权力负责，而不是对人民负责。如果他父亲关于胜利不朽的描述是可信的，那么查理就没什么好害怕的了。

国宴厅是王室府邸白厅宫唯一幸存下来的部分，其他部分于 1698 年毁于一场大火。国宴厅由查理一世和他的父亲詹姆斯一世主持建造和装饰，借鉴了当时欧洲大陆流行的艺术和建筑风格，试图反映一个新大不列颠王国的高雅文化与实力。在英格兰和苏格兰国王詹姆斯一世的统治下，这两个敌对国家走到了一起，并见证了艺术和文化在新成立的英国的第一次重大发展。国宴厅由伊尼戈·琼斯在 1619 年至 1622 年设计，他是不列颠第一位受古典主义建筑风格影响的本土艺术家；这些建筑借鉴了古罗马和意大利文艺复兴时期的建筑语言，以反映英国的文化精英身份，可以与过去强大的文明古国相提并论。

作为一个国家，英国一直依赖外包欧洲的技术来制作服务于英国王室的艺术和建筑。这一次，绘制天花板的任务落在了彼得·保罗·鲁本斯爵士身上。鲁本斯爵士并没有被这个令人生畏的艰巨任务吓倒，对为国宴厅创作面积达 225 平方米油画的委托毫不畏惧，甚至夸口说：“我的天赋如此，以至于任何事业，无论其规模有多大，也无论其题材有多丰富，都不及我的勇气。”

整个系列于 1629 年委托制作，于 1636 年完成，是一个颂扬詹姆斯一世（于 1625 年去世）统治的历史寓言。斯图亚特王朝的这位君主继承了苏格兰（1567 年，被称为詹姆士六世）和英格兰（1603 年，被称为詹姆斯一世）的王位，因为当时都铎王朝的最后一位君主伊丽莎白一世去世后，没有继承人。詹姆斯一世最伟大的政治成就是让英格兰和苏格兰在经历了几个世纪的敌对关系之后，实现了统一。国宴厅天花板上的装饰方案旨在成为新国家统一权力的缩影，以及君权神授本质的象征。借鉴欧洲艺术中的视觉语言，鲁本斯通过将寓言、《圣经》和神话中的人物结合在一起，以传达信息。

在北端，三个主要面板中的第一个以《王权的联合》（*The Union of the Crowns*）为标题。苏格兰和英格兰以女性形象出现：苏格兰身穿白色长裙，这是苏格兰守护神圣安德鲁的颜色；而英格兰则身穿红色长裙，这是圣乔治的十字架的颜色。两人都在为婴儿查理一世加冕。查理一世在这里被描绘成由他父亲联合起来的两个国家的后代，他的父亲手持权杖，在现场主持整个仪式，旁边那个戴着头盔的人物——要么代表不列颠，要么代表智慧女神密涅瓦——将两个国家的王冠绑在了一起。

中央面板上的那幅画名为《詹姆斯一世的神化》，见证了国王被提升到神的位置。他身边有一只鹰，象征着异教神话中的众神之神朱庇特，被一个身穿黄衣的年轻女子——正义的化身——温柔地引入永生国度。其他象征虔诚、热忱和宗教信仰的女性化身，代表了国王的美德，而智慧女神密涅瓦则是胜利的象征，拿着庆祝凯旋的王冠。天花板两侧较长的长方形面板上的画作颂扬了詹姆斯一世统治时期的和平与繁荣景象。丰饶角和因装满水果而不堪重负发出呻吟的战车象征着富足，而嬉闹的小天使则让观者相信只有在稳定的统治下才会有这种闲适生活。

在南端，有一幅名为《詹姆斯一世的和平统治》(*The Peaceful Reign of James I*)的作品，被安置在君主宝座的上方。和平、稳定和繁荣之间的关系在很多方面都归功于君主的智慧。在这里，詹姆斯一世似乎与《旧约》中以智慧著称的以色列联合王国的君主所罗门王相呼应。为了避免观者误解，戴着头盔的智慧女神密涅瓦也出现在了这里，杀死了披着红色斗篷的战神马尔斯。前景中，墨丘利的形象再次强调了这一点，他拿着一根上面缠绕着两条蛇的蛇杖，是关于和平的另一个象征。两个可爱的女人拥抱在一起——她们可能是和平与富足的象征——这给了鲁本斯一个展示他作为以描绘体态丰满、性感撩人的女性肉体而著称的画家的机会。

查理一世和他父亲对上帝赋予他们统治权的政治理念，在这里得到了宣扬，并最终导致君主制的暂时崩溃，因为公民们不再愿意相信他们傲慢的斯图亚特统治者坚定不渝的美德。鉴于此，鲁本斯的穹顶画也拯救不了国王。

左下图：彼得·保罗·鲁本斯绘制的《王权的联合》。苏格兰和英格兰以女性形象出现：英格兰身着红色长裙，苏格兰身穿白色长裙。

右下图：彼得·保罗·鲁本斯绘制的《詹姆斯一世的和平统治》。

对页图：鲁本斯在国宴厅天花板上创作的9幅画的全貌。

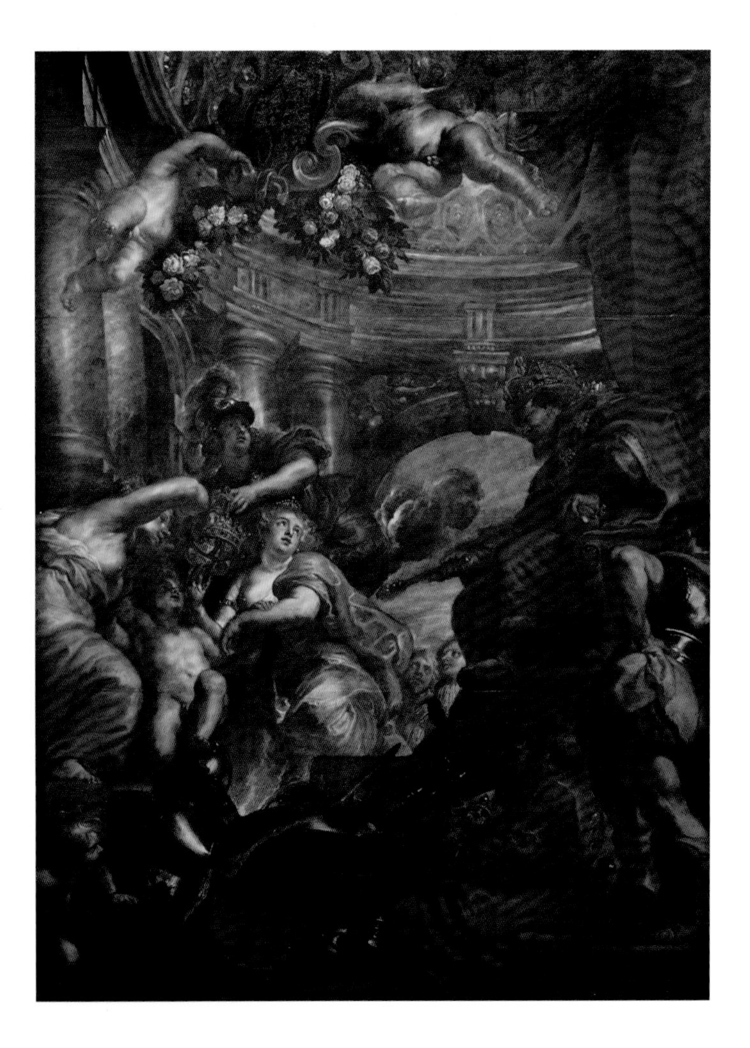

阿本莎拉赫厅

14 世纪

阿尔罕布拉宫，西班牙格拉纳达

左图：阿尔罕布拉宫的穹顶。阿尔罕布拉宫是由摩尔人于 13 世纪在西班牙格拉纳达的罗马废墟上修建的宫殿建筑群。

次页图：阿尔罕布拉宫的阿本莎拉赫厅。

阿尔罕布拉宫，西班牙格拉纳达

在关于权力的故事中，极致的美和极致的暴力通常很少缺席。因此，阿尔罕布拉宫阿本莎拉赫厅里金色蜂窝状的穹顶默默地见证了该地区辉煌而血腥的过去，以及于 1334—1391 年占领它的格拉纳达哈里发王国的兴衰。这座宏伟的建筑群坐落在西班牙安达卢西亚格拉纳达的阿萨比卡山上，是中世纪遗留下来的最古老的伊斯兰宫殿之一。摩尔诗人将其描述为“绿宝石中的珍珠”，暗指它周围的森林绿地，这座宫殿的主要设计理念是营造一种尘世天堂的感觉。但要做到这一点，则不能使用任何图像，因为图像在伊斯兰文化中是（现在依然是）一个根深蒂固的禁忌。阿尔罕布拉宫的装饰和美学体验依赖于自然力量对建筑的影响，以及对灰泥和石头等材料的操作。

例如，这座宫殿是围绕方形庭院设计的，能够使外部庭院耀眼的阳光相互透射，从而创造出多阴影的内部空间。此外，水的流动无处不在，从喷泉流出的水被引入大理石水池中，而水面则反射了宫殿内部的颜色、铭文和纹理表面。为了标识这些空间之间的过渡，伊斯兰建筑采用了一种被称为“穆卡纳斯”（muqarnas）的钟乳拱（或称蜂窝拱）装饰。这种精心设计的构件类似于蜂巢和钟乳石形成的自然现象，通常被应用于圆顶、穹隅、檐口、对角斜拱、拱门和穹顶的底部，以区分和过渡光滑的墙面。

在阿本莎拉赫厅，一簇金光闪闪的穆卡纳斯式的八角形光束在房间上方形成一个顶棚。在一个没有图像的世界里，宇宙创造力的壮观和错综复杂需要用不同的、更形而上的方式来颂扬，而精心设计的钟乳拱以其众多不同的单元，传达了关于存在的许多原子微粒——所有这些都与上帝有关。以这种方式思考，钟乳拱标志着有限的生命世界和永恒的精神世界之间的一个过渡性空间，穹顶代表的是入口，向一个想象中的天堂延伸。

有历史学家认为，阿本莎拉赫厅相对封闭的空间表明它以前的功能是冬季音乐室。在这里，声音和视觉可以相互融合，拨弦乐器和长笛的和弦在由钟乳拱下面的彩色玻璃窗透进来的彩色光线中舞动。就像在基督教教堂里一样，这一效果是为了刺激感官，让人们在物质世界中去感知上帝。

然而，这种世外桃源般的宁静被赋予这个大厅名字的传说打破了。根据这个传说，阿本莎拉赫（Abencerrajes，阿拉伯语，意为“马具匠的儿子”）家族是 15 世纪格拉纳达的一个强大家族。当时家族中的一名成员对国王的女儿充满了难以抑制的爱，以致他攀爬她卧室的窗户时被发现了。苏丹被这个不速之客激怒了，于是下令将该家族的所有人都关在宫中的一个房间里，然后杀掉。其他版本说，格拉纳达的最后一位苏丹邀请阿本莎拉赫家族的族长们到大厅参加宴会，待他们到达后，立即将其杀害。地板上大理石水池周围的铁锈色污渍被认为是这场大屠杀的证据。据说，这是关于洒落的鲜血不可磨灭的提示，至今仍萦绕在这个地方。在这种艺术设计和精神内涵中讨论这个传说是残忍的，这也许就是为什么这一叙事能抓住人们浪漫的想象力，并在艺术和文学中得到延续，甚至还启发了两部歌剧的创作。

上图：阿尔罕布拉宫穹顶的全景。

下图和对页图：阿尔罕布拉宫阿本莎拉赫厅华丽的墙壁和拱顶上的细节。钟乳拱的蜂窝状结构和钟乳石设计可能是穆罕默德获得《古兰经》的那个洞穴的象征。

朱利奥·罗马诺

巨人厅

1532—1535 年

德泰宫，意大利曼托瓦

左图和次页图：在这幅运用错觉艺术手法的画作中，众神之神朱庇特通过投掷闪电，击败了一个被画在房间较低位置的巨人。

德泰宫，意大利曼托瓦

当你与罗马神话中奥林匹斯山上的诸神对抗时，会发生什么？在一个毁灭性的旋涡中，石头和雷电从天而降，建筑倒塌，你的所有感官将受到极大震撼。这就是走入德泰宫巨人厅时的感觉。这是希腊神话中的一个警世故事，通常被称为“巨人对天神的搏斗”（Gigantomachy），当时尘世间的巨人们移动山脉，试图攀登异教神话中诸神的家园——奥林匹斯山，然后推翻他们的统治。众神之神朱庇特动用了天空中所有好战的力量来杀死这些争夺至高权力的竞争者，给他们造成了重创，并将其镇压在地下，余生都在痛苦中苟延残喘，而且只能以喷发的火山和震颤的地震的形式出现。

这幅作品由曼托瓦的贡扎加家族的宫廷御用艺术家朱利奥·罗马诺绘制。他被曼托瓦公爵费德里科二世·贡扎加从罗马召来，设计和装饰其位于曼托瓦郊外的别墅——德泰宫。罗马诺是艺术家拉斐尔的门生，在罗马卡比托利欧山脚下长大，从小被古代遗迹和废墟所包围，在这里，他对古典建筑的参考和对破损砖石结构的细致观察与小时候的经历遥相呼应。令人眩晕的拱顶螺旋上升，在宫殿内部形成一个充满幻觉的圆顶，与罗马万神殿和尼禄金宫的圆顶十分相似。另外，我们还可以看到朱庇特的宝座和时常陪伴他左右的帝王之鹰——位于一个如波浪般翻涌的天篷之下。这些关于帝王的隐喻其实是有意为之，因为费德里科·贡扎加是从他的盟友、保护者神圣罗马帝国皇帝查理五世那里接受的册封。

画中，在向反抗的巨人投掷闪电的朱庇特下方，描绘的是奥林匹斯山上的居民目睹家园被破坏和摧毁的场景。其中，独眼巨人的头由于被压在翻滚的岩石之间，此刻他正在痛苦号叫。在北面墙上，画中房屋的支撑结构显然坍塌了，人们陷入可怕的悬浮状态，仿佛在等待坠落。在拱顶升起的部分，四个风的化身吹来一阵阵强风，并吹响了战争的号角。这幅从天花板延伸至地板的画作，是以无缝衔接的环形全景画的方式呈现的，给人一种幽闭恐怖和眩晕的效果。此外，一旦进入房间，观者也就进入了画中，而且似乎没有退路。

罗马诺的画作对文艺复兴时期的同时代人产生了同样深远的影响。传记作家、艺术理论家乔尔乔·瓦萨里认为，绘画作品中没有什么比巨人厅更可怕、更令人毛骨悚然的了。总的来说，文艺复兴时期的系列绘画是为了给观众提供便利，给他们一个独特的有利位置，暗示所有动作都是在安全距离之内为他们演示的。在这里，这些期望被反转了，画满图像的天花板与房间的墙壁无缝衔接，因此建筑的真实空间和图像所创造的人造空间之间没有明显的差异。一个身着绿衣的大胡子巨人转身朝房间中央咆哮而来，并带着责备的目光，暗示上面的行动不是为了观众的观赏乐趣而进行的，而是为他们自己。

这种体验与俯视有关，就像仰望一样。最初，地板上布满了大石头和碎石，致使观者无法安全立足，并且增加了迷失方向的感觉。这种戏剧性和极致的感官体验与德泰宫的功能相一致，作为费德里科二世·贡扎加与其情妇伊莎贝拉·博斯凯蒂激情私通的场所，这里远离了她审慎的丈夫和反对此事的公爵的母亲伊莎贝拉·德·埃斯特的监视。

然而，这幅画中所描绘的“巨人对天神的搏斗”不只是一

上图：奥林匹斯山上的众神对巨人从下面发动的袭击表示担忧，其中包括拿着棍棒站在那里的赫丘利，还有戴着翼盔的墨丘利。

对页图：在画面中央，一个风的化身吹起阵阵强风，并吹响了战争的号角。

下图：在北边墙上，发动叛乱的巨人被一栋倒塌的建筑击倒。

个关于面对叛乱的原始而暴怒的隐喻，或一对苦命鸳鸯的奇思妙想，也是天地之间的一场象征性战斗。这场战斗发生在奥林匹斯山上理想化的居民与他们的原始同类——巨人——之间，前者代表着智慧，后者传统上被认为是远古时代大地女神盖亚的后代，也就是原始混沌的化身。罗马诺的这间房间代表了井然有序与不和谐、天地及身体与心灵之间不断进行的斗争。

这幅画所传达的毁灭主题具有可怕的预见性：在不到一百年后的1630年，36000名雇佣兵冲进曼托瓦，将德泰宫洗劫一空，不仅如此，他们还带来了毁灭性的瘟疫，消灭了当地大部分人口。罗马诺画作中的巨人们被定格在时间中，虽然他们周围的大地在震颤，但几个世纪以来，寂静的房间里只剩下怪诞的回声。

左图：精美的壁画装点着巴达玛哈宫（也被称为“云宫”）的墙壁和拱顶。

巴达玛哈宫，印度拉贾斯坦邦

在拉贾斯坦邦本迪宫规模庞大且错落有致的房间群中，有个像首饰盒一样依偎其中的是巴达玛哈宫的内厅，又被称为“云宫”。在这个房间深红色的拱顶上，一群来自印度教神话的人物和动物跳着令人陶醉和感性的舞步，嬉戏笑闹。有人说这里是王后的府邸，也有人说这里是拉奥·拉坦·辛格（1607—1631 年在位）15 个妻子的闺房。

本迪宫位于现代印度拉贾斯坦邦的东南角，英国记者、诗人和小说家鲁德亚德·吉卜林描述它是由妖怪而不是人类建造的。在印度独立之前，这里曾是一个半独立王国，由拉杰普特武士部族成员统治，直到 1948 年仍有部分被其占领。本迪自 1554 年起由辛格王朝统治，也是从那时候起，当局开始修建宫殿和堡垒，但负责用系列绘画装饰整个建筑群的拱顶和墙壁的是博伊·拉吉（1585—1607 年在位）和他的儿子拉坦·辛格。他们从丘纳尔招募了接受过专业训练的皇家御用画师，这些画师对描绘充满活力的人物肖像和真实事件很感兴趣，使当地的绘画风格获得了革命性的发展。

拱顶上的构图像花瓣一样呈放射状，中央是一个银色的月亮圆盘，而圆盘上还有一朵“浸泡”在深红色背景中的莲花，四周环绕着九位神灵的头像。这些神包括四头的婆罗门和毁灭者湿婆，他们也是印度教中掌管创造和毁灭的主要神灵。这一布局随着中心构图的扩展而得到呼应和放大，并逐渐形成曼陀罗的形状。在印度教和佛教中，曼陀罗是一种精神和仪式的象征，是宇宙的微观表征。

画中，在一片火红的大地上，蓝皮肤的男性与珠光宝气的少女们在精致的花卉图案背景幕布上欢快地跳舞。这里讲述的是印度教中“慈悲与温柔之神”克利须那神的故事，神的挤奶女工（gopi）完全无法抗拒他的长笛演奏。在一个持续了 43.2 亿年的夜晚，他们一起用拉斯舞（Rasa Lila，印度民族舞蹈之一）创造了世界。这些蓝色人物都是克利须那神的重复，他的肤色代表了空间和无穷尽。

根据这个关于拉斯舞的故事，克利须那神让每一个神的挤奶女工都感觉自己是他神圣关注的全部焦点，而这也代表了印度教对一种既普遍又独特的爱的信仰。这幅画伴随着舞蹈中的木屐声、手镯的叮当声和坐着的女性击鼓的节奏而律动。克利须那神深奥的拉斯舞似乎暗示着世界始于男性和女性的能量之舞，而不是宇宙大爆炸。

从曼陀罗向外延伸的八字形部分描绘的有争吵的猴子、拿着手鼓跳舞的女士、碰撞盾牌的战士和戴着项链的有翼神灵的图像。在这声色犬马的喧嚣中，画面的中心场景描绘了蓝皮肤的克利须那神坐在由象鼻神拉动的战车上，并有侍女和有翼人物伴其左右。这可能是赞助人拉坦·辛格本人愿望的投影，他被提升到了神圣的克利须那神的地位。在支撑半圆拱顶的对角斜拱下，宫廷生活围绕着充满大象和辛格宫廷小人物画像的狩猎饰带展开。拉坦·辛格出现在西墙上，欣赏着一幅大象的微型画——与柏林伊斯兰艺术博物馆中的一幅同一时期的画作非常相似——和一个暗指后宫的屏风。在这下面，故事以拉格细密画（Ragmala，字面意思是“拉格的花环”，一系列融合了艺术、音乐和诗歌的场景）的形式展开，它们展现了湿婆神和

"生育女神"帕尔瓦蒂爱情生活中微妙的情感状态。另外，拱顶上还遍布着天界的音乐家，他们进一步赋予了整个房间以活力。

对页图：天拱顶上的构图像花瓣一样呈放射状，中央是一个银色的月亮圆盘，而圆盘上还有一朵"浸泡"在深红色背景中的莲花，四周环绕着九位神灵的头像。

下图：巴达玛哈宫穹顶画的细节。克利须那神深奥的拉斯舞似乎暗示着世界始于男性和女性的能量之舞，而不是宇宙大爆炸。

皮埃特罗·达·科尔托纳

《神意寓言》

1633—1639 年

巴贝里尼宫，意大利罗马

左图和次页图：皮埃特罗·达·科尔托纳创作的穹顶画《神意寓言》，位于巴贝里尼宫一楼大厅的天花板上。

巴贝里尼宫，意大利罗马

和其他很多事物比起来，蜜蜂可以说是罗马这座城市的主人。抬头一看，你会发现它们栖息在砖石上、喷泉顶端、宫殿外部，甚至圣彼得大教堂里。蜜蜂代表着教皇之城和天主教会的中心，被认为是宗教成就和基督教价值观的恰当象征。这是为什么呢？因为蜜蜂孜孜不倦地为蜂巢酿造蜂蜜，并且始终安于自己在组织中的位置。此外，工蜂还是贞洁的典范；它们从不交配，总是辛勤劳作，其劳动成果是甜美的蜜汁，可以媲美上帝的甜蜜话语。

因此，当马费奥·巴贝里尼在 1623 年成为教皇乌尔班八世时，他知道蜜蜂和它所代表的东西将对他和他的春秋大业有所助力。他在巴贝里尼家族的盾形纹章上添加了三只蜜蜂，并通过他对画家、雕塑家和建筑师的艺术赞助，用这些长着翅膀的劳动者来装点这座城市。你还可以在罗马巴贝里尼宫华丽接待室拱顶的中心位置看到它们，由 17 世纪欧洲杰出的巴洛克画家、建筑师皮埃特罗·达·科尔托纳绘制，他精心塑造了贵族们自我膨胀的典型形象。

这一作品的标题是指罗马教皇的签名“Divina Providentia Pontifex Maximus”（拉丁语，意为神意的最高祭司），而远处神意的化身闪烁着金光出现在了中央面板的云朵上，被时间和命运的化身包围着。画面中心的蜜蜂被框在一个由信仰、仁慈和希望的化身举起的巨大月桂花环里。罗马的化身正用教皇的三重冕为家族徽章加冕，而宗教的化身则手持一对金钥匙，将整个花环绑在一起。这些钥匙是教皇权威在人世间的恒久象征，这里指的是第一任教皇圣彼得，他代表着教会和通往天堂的唯一途径。花环下面是另一顶由星星构成的发光冠冕，这次由不朽的化身举起。

在这幅作品中，整个宇宙聚集在一起，以赞美乌尔班八世的统治。也许这是一个必要的举措；而教皇及其任人唯亲行为的批评者则热衷于用另一个类比——巴贝里尼和他的许多亲信像蜂群一样涌向罗马，想要榨干教会的精神之蜜。

马费奥·巴贝里尼让我们毫不怀疑，他被任命为教会的世俗和精神领袖是一个明智之举，因为上帝和古罗马众神都一致认为他适合担任教皇一职——他在 1623 年至 1644 年担任此职。但这并不足以囊括自命不凡的巴贝里尼被授予的所有荣誉。再找找，画中出现了第三个花环——这次是用月桂树枝叶制作的，由左上角的一个小天使举着。这是为了表彰马费奥·巴贝里尼作为诗人取得的成就，这个传统从中世纪和文艺复兴时期延续至今，尤其是作家但丁，他头戴桂冠是为了效仿他诗歌中的主角，因此巴贝里尼也想用这个比喻来赞美自己。

不同于穹顶画中的“框架画”构图（画框式的图像靠在建筑固定装置上所创造出的效果），达·科尔托纳在这里采用了“视幻画”的技法，通过将虚幻的空间向想象中的天空敞开的方式，创造出一个横跨 336 平方米的天堂般的视觉效果，里面挤满了各色人物和花环、虚构的灰泥飞檐、浮雕和青铜圆形徽章，所有的壁画都被画在两层的拱形天花板上。

拱顶的四个角落各有一个八角形，描绘了四种美德，分别是正义、刚毅、节制和谨慎，每一个都伴有从古典神话和古代历史中借用的图像。例如，那个描绘戴着头盔的密涅瓦砍杀巨

对页顶部：关于森林之神西勒诺斯醉酒的细节描述，这个神话故事被用来说明马费奥·巴贝里尼的节制美德。

对页底部：虚构的“视幻画”营造出一种灰泥雕刻框住拱顶的效果。右边描绘的是伏尔甘（罗马神话中的火神与锻造之神）的熔炉。

左上方：《神意寓言》的细节。

右上方：画面中心的蜜蜂被框在一个由信仰、仁慈和希望的化身举起的巨大月桂花环里。罗马的化身正用教皇的三重冕为家族徽章加冕，而宗教的化身则手持一对金钥匙，将整个花环绑在一起。

人的画面表达的是刚毅。这些例子往往晦涩难懂，描绘了神话和古代历史中的寓言，不仅反映了巴贝里尼所处时代人们的兴趣，还展示了他的渊博学识和雄心壮志，以表明他在智力上优于那些受教育程度较低的人。

然而，尽管马费奥·巴贝里尼很乐意让世界万物和众神在巴贝里尼宫的天花板上循环出现，而急剧增长的狂热兴趣也拔高了他的成就，但他对那些试图解释太阳系中天体运动的实际理论就没有那么宽容了。众所周知，这位罗马教宗在逮捕、审判和定罪科学家伽利略的过程中态度坚决，当时伽利略积极宣传哥白尼的理论，认为地球绕着太阳旋转。更令人喜闻乐见的推广宣传是，蜜蜂围着教皇转，而且不仅仅是在马费奥·巴贝里尼统治时期；直到 19 世纪，甚至在教皇去世很久之后，蜜蜂一直是罗马教皇的代名词。

托普卡帕宫内部

1459 年

托普卡帕宫，土耳其伊斯坦布尔

左图：土耳其托普卡帕宫拱顶上的马赛克装饰。

托普卡帕宫，土耳其伊斯坦布尔

托普卡帕宫坐落在伊斯坦布尔半岛引人注目的博斯普鲁斯海峡的入海口，它是奥斯曼帝国苏丹王朝400年来的官邸及主要居所，是国家的行政和教育中心，也是穆罕默德的胡须和摩西杖等圣物的安放地。

这座宫殿最初的主体设计和布局由苏丹穆罕默德二世在1460年至1478年主持，他于1453年夺取拜占庭帝国的首都君士坦丁堡（今伊斯坦布尔），取得了战争的最后胜利。这座宫殿占地70万平方米，就像一个军营，它防御性的地理位置保护了宫殿内的人免受叛乱和瘟疫的侵扰，同时从这里还可以欣赏到欧洲和亚洲的景色。这座建筑在建造时被称为"新宫"，后来被称作"皇宫"。19世纪，奥斯曼帝国的苏丹们将他们的府邸搬到了多尔玛巴赫切宫，正是在这一时期，穆罕默德二世原来的宫殿被称作"托普卡帕"（Topkapı，字面意思是"大炮之门"），这个名字源于第一栋建筑侧面现存的一座木制阁楼。

新建立的奥斯曼政权不失时机地镇压了在它之前的基督教国家（也就是拜占庭帝国）的秩序。穆罕默德二世的宫殿建在拜占庭的卫城之上，旧秩序的遗风为新的伊斯兰奥斯曼帝国提供了权力基础。与此同时，位于托普卡帕宫后面的宏伟的圣索菲亚大教堂立即被改造成了清真寺，而用来装饰教堂内部的基督教雕像也被伊斯兰教不同的视觉语言所掩盖，其中最重要的是，伊斯兰教的视觉语言摒弃了对鲜活人物的描述，而是通过抽象的重复图案来表达神创论和构图的崇高本质（另见伊玛目清真寺，第32页）。

同样的美学设计在托普卡帕宫令人眼花缭乱的奢华内饰上也有所体现，在那里，政府和皇室的公共和私人生活都在巨大的城墙后面上演。大部分表面镶嵌着珍珠母和贵重珠宝的马赛克作品和装饰，均由来自波斯和意大利等地的艺术家和工匠完成。没有什么地方的瓷砖设计比伊斯兰建筑对该技术的运用更多样化和广泛，包括托普卡帕宫，那里的许多房间和天花板主要是用不同颜色的瓷砖的重复图案来装饰的。

伊斯兰陶工开发了许多有影响力的技术，都可以在托普卡帕宫的天花板上看到。这方面的一个例子是，使用锰紫色颜料与一种在燃烧过程中会消失的油性物质的混合物绘制线条。这种颜料被用在不同颜色区域之间，防止它们相互渗入，从而使图案的清晰度更高，纹样中的细节范围更广。瓷砖设计的另一个影响因素源于奥斯曼帝国早期的首都，如布尔萨和埃迪尔内，它们均与釉下彩的发展有关。这一做法的灵感来自14世纪该地从中国进口的釉下彩瓷——青花瓷，当时的伊斯兰陶工试图效仿。这项技术在土耳其的伊兹尼克镇尤为盛行，该镇以生产蓝白相间的六角形瓷砖而闻名。到了1550年，伊兹尼克制瓷业引领着一股矩形瓷砖的潮流，而且颜色越变越多，包括橄榄绿、绿松石色和紫色，其中很多可以在托普卡帕宫内后宫的内部装饰中看到，尤其是在穆拉德三世的枢密室里，里面装饰着16世纪的伊兹尼克瓷砖。

由300个房间、9间浴室、2座清真寺、1家医院、1间宿舍和1个洗衣房构成的后宫是一个不可侵犯的社区。在那里，王室的女性成员与太监奴隶，以及那些被认为是丑陋或畸形、不足以构成威胁的侍女生活在一起。后宫的真正目的是确保王

上图：托普卡帕宫内巴格达凉亭华丽的圆屋顶。

对页图：用瓷砖装饰的圆顶天花板和墙壁。

位的男性继承人诞生，但它还有一个功能，就是未来国家官员的妻子们接受与之身份相符的教育的地方——从学习如何阅读和写作到熟练掌握性技巧。欧洲画家的东方主义绘画通过偷窥式的描述，在这个高度政治化的空间中构建了一个更加淫秽的幻想版本。但后宫中的做爱被认为具有神圣的重要性，是凡人所能做到的接近神性的创造性行为。这种对崇高的欣赏我们可以在这里流动的阿拉伯式花纹和催眠式的重复图案中找到。

在伊斯兰建筑中使用瓷砖，例如在托普卡帕宫发现的瓷砖，也有一个实际的好处，那就是可以在极端的高温下保持房间内部凉爽。宫殿内的巴格达凉亭展示了当时的装饰艺术，里面除了有精美的瓷砖装饰外，还有华丽昂贵的纺织品。这座凉亭始建于1638年年末，是为了纪念穆拉德四世在巴格达战役中取得的胜利而建造的。在那里，苏丹和他的同僚们可以听音乐，或是在喷泉潺潺的流水声中睡觉，抑或仰望高耸的圆顶，这些圆顶以其精致的植物花卉图案模糊了内部与外部（以及尘世与天堂）之间的界限。

顶部：托普卡帕宫内苏丹穆拉德三世的私人房间的穹顶。

底部：托普卡帕宫内天花板上的瓷砖装饰。

上图：托普卡帕宫后宫的房间。

右图：托普卡帕宫内天花板上的瓷砖装饰。

科林·吉尔

北门廊

1928年

布伦海姆宫，英国牛津郡

左图和次页图：科林·吉尔在布伦海姆宫北门廊的天花板上绘制的眼睛，正俯视着下面的游客。

布伦海姆宫，英国牛津郡

六只空洞的“眼睛”一眨不眨地注视着所有来到布伦海姆宫主入口的人，这座宫殿也是温斯顿·丘吉尔爵士的祖居。其中三只眼睛是棕色的，剩下三只是蔚蓝色的，它们被神秘、光芒四射的亮光包围着。这是一种奇特的欢迎仪式，欢迎人们来到英国最大、最久负盛名的庄园之一。它还是英国唯一一座被称为“宫殿”，但既非王室所有，也非宗教性质的建筑。此外，布伦海姆一直是一个充满争议的地方。这座建筑建于1705年至1722年，是安妮女王奖赏给第一代马尔伯勒公爵的礼物，以表彰1704年他在布伦海姆之战中取得的英勇胜利。当时宫殿的规划和建造重任落到了公爵和他妻子身上。但由于他们在“委托谁来设计”这一问题上产生了分歧，所以这项工作被转交给了兼任建筑师的英国剧作家约翰·范布勒爵士，他曾与尼古拉斯·霍克斯莫尔合作，在北约克郡建造了一个巴洛克风格的庞然大物——霍华德城堡。布伦海姆宫在各方面都与众不同：部分是陵墓，部分是纪念碑，部分是家用住宅，因此被公众批评为这是对公共资产的过度消耗。竣工后，它被认为是建筑史上的一个失败案例，因为它太过奢华——致使范布勒从此再也没能接到真正意义上的大项目。

虽然这座宫殿以其挂毯、古代大师的画作、古董和家具而闻名，但北门廊讲述了这栋建筑里一个古怪住户的故事。门廊的装饰可以追溯到1928年，由第九代马尔伯勒公爵的第二任妻子格拉迪斯·迪肯赞助，当时她委托英国战争艺术家科林·吉尔将她和她丈夫的眼睛画在门廊上。据称，当时公爵夫人挥舞着丝巾爬上吉尔的梯子，以便他能准确地画出她那以迷人著称的眼睛的颜色。吉尔从伦敦斯莱德美术学院毕业后，在第一次世界大战期间被派往法国西线，在那里，他利用所学的艺术知识，将自己伪装成一名军官。回国后，他被委托为一个“纪念馆”（The Hall of Remembrance）画一幅当代历史画，以纪念战争遇难者，但是该纪念馆一直没有完工。他对堑壕战的观察可以在伦敦帝国战争博物馆内的画作《重炮》（*Heavy Artillery*，1919年）中看到。

公爵夫人迪肯以其令人过目难忘的美貌和聪明才智而闻名，众多欧洲名流都为之着迷，就连马塞尔·普鲁斯特、奥古斯特·罗丹（他送给她一座雕塑）、克劳德·莫奈和普鲁士王储都对她赞不绝口。迪肯出生在巴黎，父母是美国人，但早年的大部分时间是在法国度过的，在她父亲谋杀了她母亲的情人后，她被送到一个修道院接受教育。

迪肯于19世纪90年代末抵达英国，然后结识了马尔伯勒公爵的第一任妻子康斯薇洛。不出所料，她成为许多现代主义艺术家的缪斯女神，很多人都绘制过她的肖像，其中包括意大利未来主义艺术家乔瓦尼·波尔蒂尼、约翰·辛格·萨金特和雕塑家雅各布·爱泼斯坦。迪肯到达英格兰后不久，成为马尔伯勒公爵的情妇，被安顿在布伦海姆，但这两人直到1921年公爵的第一次婚姻结束后才结婚。第二任公爵夫人一直追求完美的希腊式轮廓，也就是鼻梁笔直的脸部轮廓，因此在婚后不久，她做了整容手术，在鼻梁上注射石蜡。然而，这些石蜡在她的下巴周围位移并聚集成硬块，使她远近闻名的美丽不复存在。

吉尔画作中的眼睛可能是一扇窗户，让我们可以通过它们

看到一个有着丰富生活经历的躁动灵魂，但任何有意为之的解释都是含混不清的，并伴随着这位神秘的公爵夫人一同被埋葬——她孤身一人死在夜晚，陪伴在身边的只有猫咪。说到这里，眼睛作为一种视觉符号有着重要的历史，曾出现在教堂、寺庙甚至是钞票上。例如，“荷鲁斯之眼”是古埃及神话中一个很受欢迎的主题，代表着健康、守护和王权。在中世纪的欧洲，“眼睛”这一符号通常被一个三角形所包围，象征关于圣父、圣子和圣灵的“三位一体”，代表着上帝的“全知之眼”正在注视着人类；而后来共济会采用这种象征，以反映他们对这种能看到并能审判一切的无所不能的力量的信仰。

对页图：以绘画形式展示的格拉迪斯·迪肯和第九代马尔伯勒公爵的眼睛。

上图：布伦海姆宫的两座狮身人面像中的一座，面部具有格拉迪斯·迪肯的特征。

右图：约翰·辛格·萨金特绘制的格拉迪斯·迪肯的肖像。

多梅尼科·布鲁萨索尔奇

苍穹厅

16 世纪 50 年代

奇耶里卡提宫，意大利维琴察

左图和次页图：奇耶里卡提宫的拱顶。在中央面板上，在絮状的灰色天空之下，一对赤裸的臀部和睾丸使太阳苍白的光芒黯然失色。

奇耶里卡提宫，意大利维琴察

当人们仰望维琴察奇耶里卡提宫接待室的拱顶时，会对“神圣的苍穹”这一概念有一个全新的认识。描绘星座和黄道十二宫的常用符号和图像被嵌入灰泥格子平顶中，而在中央面板上，在絮状的灰色天空之下，一对赤裸的臀部和睾丸使太阳苍白的光芒黯然失色。这幅出乎意料的露骨画面描绘的正是古希腊神话中掌管艺术、音乐、诗歌的太阳之神阿波罗，他每天乘着战车穿行于天空中。这则来自古典神话的故事解释了太阳的运动和黎明的到来。在面板的边缘，在月色的笼罩下，阿波罗的孪生妹妹、掌管狩猎和生育的月亮女神狄安娜头顶一轮银色新月，稳稳地站在战车上，在同一片天空中重复着她的夜间航行。

这幅壁画由多梅尼科·布鲁萨索尔奇创作，是在向朱利奥·罗马诺于 1526 年在曼托瓦德泰宫太阳厅绘制的那幅关于阿波罗和狄安娜主题的类似画作致敬。这可能是富足的吉罗拉莫·奇耶里卡提（Girolamo Chiericati）试图效仿受人尊敬的曼托瓦公爵对高雅文化的追求。这一主题也深受文艺复兴时期博学的观众青睐，因为它激发了人们关于时间流逝的不间断和周期性本质的思考，以及人类被诸神和天空操控的无力改变的命运。

但在这层崇高而有教养的推测外衣下，还流传着一个下流的笑话，就像所有最流行的笑话一样，它涉及裸体部位和排泄粪便这类主题。仔细看，不仅仅是阿波罗暴露了他的下体，拱顶上的四匹马也都将其隐私部位暴露无遗。这是对 16 至 18 世纪意大利画家所钟爱的“仰角透视技法”的一种粗俗嘲讽，营造出了物体和人物自由落体或在悬崖上的错觉，而且似乎即将进入观者所在的空间。例如，德泰宫巨人厅的观者因担心会被预期中朱庇特投掷的雷电疾风和坍塌的砖石阵雨（见第 134 页）击中而畏缩不前；而在奇耶里卡提宫的接待室里，在阿波罗和四匹壮硕的骏马的正下方，则暗示着另一种不同的坠落。

这座宫殿是由 16 世纪颇受欢迎的建筑师安德烈亚·帕拉第奥设计的，他为罗马古典建筑的信条注入了新的活力，并主导了维琴察的市政工程。从奥林匹克剧院到帕拉迪纳大教堂（Basilica Palladiana），以及一些嵌在城市周围山丘上的别墅，所有这些都是在古典建筑原则的影响下建造的。

布鲁萨索尔奇在拱顶上描绘的关于阿波罗和狄安娜的主题，也反映了 16 世纪的意大利对古典世界和神话故事的持续崇敬。在这种文化氛围中，让人联想到英雄、神灵和不朽者的雕塑的裸体图像是如此普遍，以至于人们对他们的裸体几乎熟视无睹。这样的裸体就像一个由完美到不可思议的肌肉组成的外壳。然而，艺术史上的裸体形象并不总是对源自古希腊美学和哲学理想的古典文明的沉思。在这里，宽大披风下的阿波罗一丝不挂，展现出了一种更似凡人的男子气概。

近年来，帕特丽夏·鲁宾等学者将注意力转向文艺复兴时期的非主流图像，并提出了一系列关于臀部和文化史的观点。在文艺复兴时期的意大利，男性的臀部吸引了同时代人的想象力和艺术鉴赏兴趣，其中包括陈列在罗马法尔内塞宫院子里的赫拉克勒斯的巨大雕塑，以及由多纳泰罗于 15 世纪中叶在佛罗伦萨雕刻的大卫那充满肉欲感的雌雄同体的青铜雕塑——大卫的大腿内侧被其刚杀死的歌利亚头盔上的羽毛挠得痒痒的。

除了吸引观者视线的布鲁萨索尔奇的中央面板之外，由巴

托洛梅奥・里多尔菲的灰泥模型构成的天花板同样极具吸引力，埃利奥多罗・福比奇尼在上面画了很多“怪诞图案”（grottesche）。这个术语被用来描述由弯曲的叶子、面具和混合人物组成的重复花环，是一种室内装饰风格，源于罗马尼禄皇帝金宫的绘画走廊，其历史可以追溯到公元1世纪。到了15世纪，该建筑的一部分被埋葬在城市的土壤之下，废墟从上面被凿开，这使它们得名“grotte”，有洞穴的意思。镶嵌在灰泥中的壁画面板描绘了黄道十二宫的星座和罗马硬币的图像，反映了人们对货币研究、收藏和艺术鉴赏的兴趣。因此，虽然“用屁股思考”（换句话说，就是愚蠢地思考）这句俗语并不会被文艺复兴时期的观众遗忘，而且当他们看到阿波罗的光屁股时，可能会发笑或脸红，但古典神话和历史的博学典故可能会更有效地改善这一点，以提高吉罗拉莫・奇耶里卡提作为一个有文化和有教养的赞助人的地位。

左图：多梅尼科・布鲁萨索尔奇的壁画是在向朱利奥・罗马诺于1526年创作的那幅关于阿波罗和狄安娜主题的类似画作《太阳战车》（*Chariot of the Sun*）致敬。

对页图：镶嵌在灰泥中的壁画面板描绘了黄道十二宫的星座和罗马硬币的图像，反映了人们对货币研究、收藏和艺术鉴赏的兴趣。

让·法布尔

《快乐天堂》

2002 年

布鲁塞尔皇宫，比利时布鲁塞尔

左图和次页图：让·法布尔那由吉丁虫制作而成的《欢乐天堂》占据着布鲁塞尔皇宫镜厅拱顶的中心位置。鞘翅外壳从它们被困在天花板的地方向下延伸，包裹着一盏大枝形吊灯。

布鲁塞尔皇宫，比利时

2002 年，出生于意大利的保拉王后、比利时国王阿尔贝的妻子，觉得自己对布鲁塞尔皇宫单调的内部装饰有点厌倦了。于是，她决定恢复委托当代艺术家在皇宫内安装永久艺术装置的传统，这一惯例自 20 世纪初奥古斯特·罗丹用浮雕装饰皇宫大殿以来日渐式微。保拉王后开始着手为镜厅（La Salle des Glaces）——一个带有筒形拱顶和灰泥饰板浮雕的礼堂——寻找 21 世纪版本的更新方案。她在备受争议的荷兰艺术家让·法布尔身上找到了答案，法布尔以其对非常规材料的选择和对昆虫的痴迷而闻名，尤其是吉丁虫（又名宝石甲虫），它们那闪闪发光的绿色鞘翅一直是他雕塑作品中最受欢迎的介质。

在马来西亚、泰国和印度尼西亚的餐馆里，吉丁虫被认为是一种美味佳肴，因富含蛋白质而被食用。通常它们闪亮的鞘翅会被丢弃，不过法布尔的团队收集了 160 万对，并在 4 个月的时间内将它们粘在预先确定的图案上，在镜厅的拱顶上创造了另一种形式的“马赛克”。长颈鹿的腿、鸟的翅膀和蝾螈的眼睛都出现在了看似不断变化的拱顶上。由于鞘翅的表面泛着乳白色的光泽，所以拱顶上的景象在颜色和人们所感知到的质地方面会随着房间里观看视角的变化而变化。例如，表面颜色从翡翠绿变成了浓郁的赭石色，其间还透着蓝色和紫色，并反射出时而像羽毛、时而像鳞片的光泽。

这幅作品被称为《快乐天堂》（*Heaven of Delight*），是在向 15 世纪的艺术家耶罗尼米斯·博斯致敬（法布尔自称师承于他），而博斯那幅神秘的三联画则被称为《人间乐园》。博斯也来自荷兰，学者们发现很难尝试解读他的作品，其以混合的动物形态和梦幻般的动物与人类互动为特征。

对人类来说，昆虫王国难以捉摸的异质之美让我们与恐惧、威胁和偏执等元素相遇，这使它成为当代艺术的丰富灵感来源。这种恐惧和迷恋的混合赋予了法布尔的拱顶以力量——毕竟它侵扰了仪式性宫殿的宏伟秩序。但在由甲虫鞘翅覆盖的密集表面与通过将所用材料严格排列成“密封板”的控制方式之间存在着某种张力；然而，这种张力被保持在一种不稳定的平衡中。鞘翅外壳从它们被困在拱顶的地方向下延伸，包裹着一盏大枝形吊灯。在这个过程中，装饰性的吊灯变成了想象中类似巨型昆虫的东西。这并不是甲虫鞘翅第一次被用于装饰艺术；1889 年，约翰·辛格·萨金特为英国维多利亚时代的女演员艾伦·特里画了一幅其扮演的麦克白夫人的肖像，该肖像捕捉到了这位莎士比亚时代女演员的标志性舞台服装——由数千个相似的甲虫鞘翅制作而成。

虽然许多宫殿的拱顶宣扬的是神化和永恒的世俗权力的理想化故事，但法布尔的《快乐天堂》是对不朽和历史的另一种展望。因为圣甲虫是进化链中的一个古老环节，自从它在 1.3 亿年前首次在地球上漫步以来，几乎没有什么变化。因此，它作为古代知识的载体，为我们提供了一座通往深层时间的桥梁。例如通过太阳和天空中星星的图案来确定方向——人类在进化过程中已经忘记或摒弃了这些做法。事实上，圣甲虫在人类历史上一直备受尊崇。古埃及文明将这种昆虫与太阳神联系在一起，因为它滚动粪球的方式是对太阳经过天空的微观模仿。圣甲虫成为再生的象征，甚至在后来的几千年里成为早期基督教

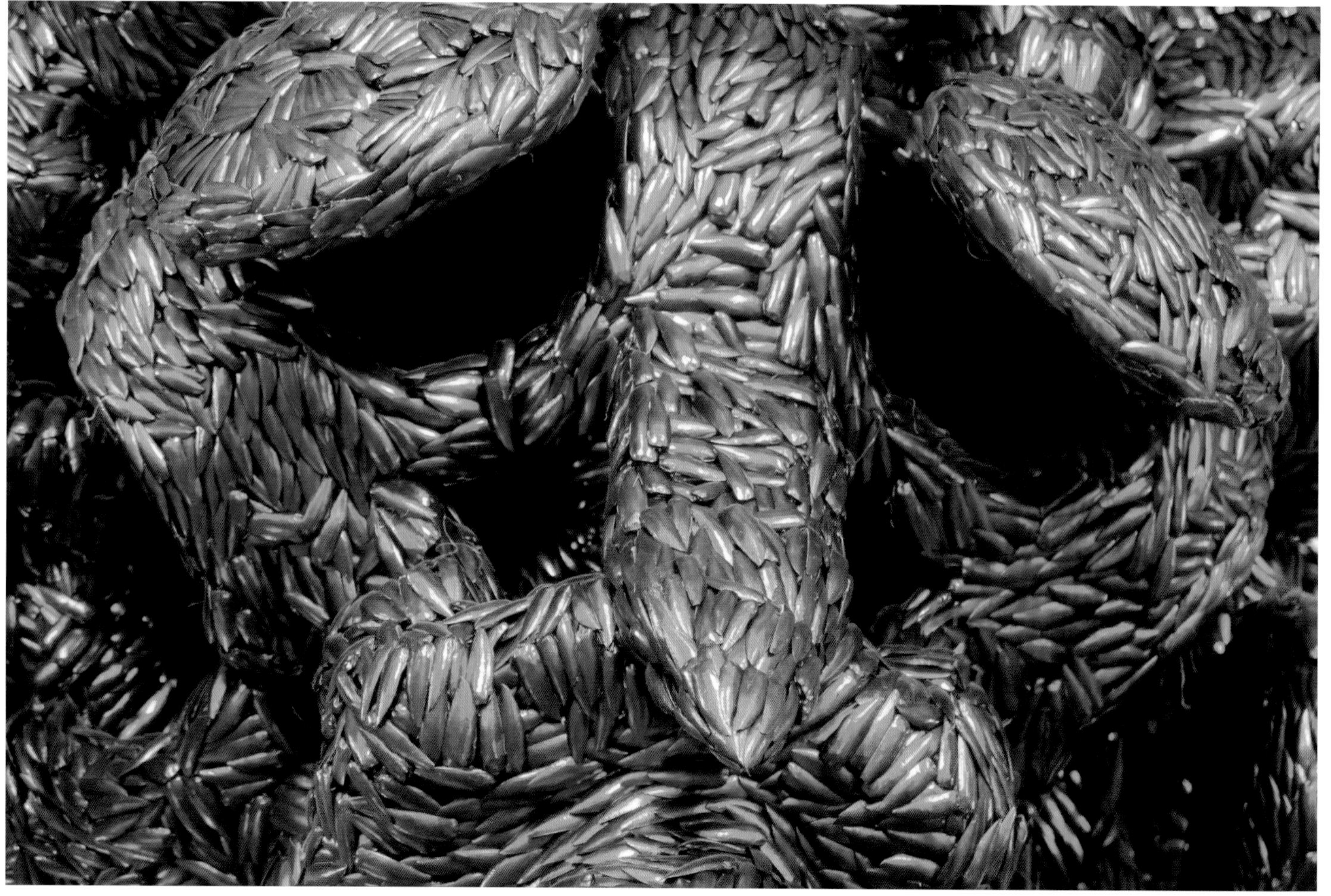

上图和对页底部：一盏由吉丁虫制成的吊灯悬挂在布鲁塞尔皇宫内镜厅的拱顶上。

对页顶部：布鲁塞尔皇宫内部的装饰。

复活的象征。它们还与神奇的转化能力有关，正如17世纪博学的耶稣会士阿塔纳修斯·基歇尔所认为的那样，圣甲虫是由原始物质（prima materia，一种被认为是宇宙原始物质的远古物质）形成的。

拉丁语箴言“ars longa, vita brevis”（生命短暂，艺术长存）被用来解释艺术能够增长个人在后世的荣耀，即使是在自己死后。甲虫的鞘翅比不朽的艺术作品更有生命力，因为它们是由一种叫作角质素的物质组成的，比任何油彩都要持久，并且不受其他因素影响。即便宫殿的居住者离开很久之后，这个装置的乳白色之美也不会消退。

斯特凡诺·托雷利

缪斯厅

1768 年

中国宫，俄罗斯圣彼得堡

左图：位于圣彼得堡的中国宫缪斯厅，该建筑是叶卡捷琳娜二世的私人别墅，由建筑师安东尼奥·里纳尔迪以洛可可风格建造而成。

中国宫，俄罗斯圣彼得堡

刚刚摆脱了丈夫的叶卡捷琳娜二世在政治方面才华横溢，智力超群，并有一个和她一样热爱装饰艺术和建筑的情人。她在奥拉宁鲍姆宫建造了一座专属于自己的中国宫，该宫殿位于圣彼得堡西部，在芬兰湾一系列皇家府邸之间。奥拉宁鲍姆宫最初属于彼得大帝的宠臣亚历山大·缅什科夫亲王，他有建造奢华宫殿的习惯，其奢华程度甚至可以和沙皇的宫殿相媲美。缅什科夫在 1728 年失宠，被剥夺了所有头衔和财产，而奥拉宁鲍姆宫后来则被赠予彼得大公——他是俄国女皇伊丽莎白的侄子、未来的皇帝彼得三世、叶卡捷琳娜的丈夫——他雇用建筑师安东尼奥·里纳尔迪按照原作建造了一座全新的、缩微版的方形建筑，但采用的是时髦的洛可可风格。在丈夫去世后，轮到叶卡捷琳娜在奥拉宁鲍姆宫留下自己的印记，新建成的中国宫（也由里纳尔迪设计）于 1768 年开放。

这处建筑群原本是叶卡捷琳娜的私人享乐宫殿；一处供她和亲信们避暑的远郊别墅，包括她的情人圣彼得堡禁卫军军官格里戈里·奥尔洛夫。在格里戈里和他的兄弟阿列克谢·奥尔洛夫的帮助下，叶卡捷琳娜发动了一场政变，逮捕并谋杀了她的丈夫彼得三世。作为新加冕的俄国女皇，为了使自己的统治合法化，她开始着手打造一个世界性的自我形象，以掌控一个现代化、外向型的新俄罗斯。中国宫的设计就是实现这些愿望的一部分。仅建筑群的名字“Oranienbaum”就奠定了一些基础，这个名字在德语中是“橘子树”的意思，指的是具有异国情调的温室，而这些温室曾是宫殿内一座早期建筑的一部分。橘子树起源于东方，对有抱负的贵族来说，象征着一切奢华、令人向往和独特的东西。

18 世纪，中国漆器、瓷器和丝绸被出口到欧洲和俄罗斯，推动了“中国风”在欧洲富人和精英阶层中的广泛传播。这些激发灵感的室内装饰图案吸引了西方人的好奇心和想象力，奇幻的风景、龙、宝塔和穿着中国传统服饰的人物都是用丰富而生动的色彩描述的。然而，这些细节大多来自西方视角下的东方幻想，很少基于真正的事实。尽管如此，但在这座洛可可风格的宫殿里使用“中国风”元素（虽然是想象中的）被认为是叶卡捷琳娜作为一位开明的统治者广泛兴趣的体现，因为她想要了解跨越不同民族界限的共同人性。叶卡捷琳娜将自己塑造成一个思想开明的统治者，她从西欧的政治潮流中汲取营养，尤其是启蒙运动所倡导的哲学思想。例如，她是法国哲学家德尼·狄德罗——狄德罗在法国曾因主编的《百科全书》具有反宗教性质而受到批评，于是到俄罗斯寻求庇护——的赞助人和笔友。她以这种方式与欧洲的其他统治者结为联盟，例如她的盟友、对手普鲁士的腓特烈大帝，他曾在自己的无忧宫里招待过法国哲学家伏尔泰两年。叶卡捷琳娜决心在追求哲学或奢华品方面不能被他超越，于是开始建造她的中国宫，就像腓特烈大帝在 1764 年建造他的中国茶室一样。

内部的设计理念融合了对东方的迷恋与旧欧洲人文和古典学识的传统。叶卡捷琳娜邀请出生于意大利的斯特凡诺·托雷利——他当时是圣彼得堡美术学院的教授——来装饰缪斯厅的内部。这是一个供人沉思和欣赏艺术的地方，或许还可以用来听音乐会。这个概念在欧洲各地的宫殿中都很流行，从维也纳到罗马的梵蒂冈宫。按照惯例，这个房间引用了古希腊神话中掌管艺术和科学的九位缪斯女神，向人类提供神圣的灵感，其中包括司掌爱情诗的缪斯厄刺托、司掌英雄诗和修辞的缪斯卡利俄佩和司掌舞蹈的缪斯忒耳普西科瑞。

缪斯厅展示了洛可可的装饰特征，即贝壳和珊瑚状的结构、阿拉伯式的曲线，它们被统称为“rocaille”（洛可可）。这种风格的装饰并没有那么华丽，而是营造出一种更温馨、亲密的氛围，与奥拉宁鲍姆的乡村环境相得益彰。在叶卡捷琳娜的宫殿里，装饰性的彩绘藤蔓和花环将大自然引入室内，它们像藤蔓一样缠绕在缪斯厅淡粉色、蓝色和淡绿色镶板墙壁上，将自然与人造景融为一体。就像自然之美一样，叶卡捷琳娜最终在这座宫殿只短暂地享受了一段时间。因为完工后，随着她恋情的终结，她在这里待的时间越来越少。到 18 世纪末，奥拉宁鲍姆宫被移交给一所海军学院使用，这与该建筑过去的用途极不相符。

对页图：缪斯厅一处灰泥的细节。

右图：《镜子前的叶卡捷琳娜二世的肖像》（*Portrait of Catherine II in Front of a Mirror*），由维吉利乌斯·埃里克森绘制。

乔凡尼·巴蒂斯塔·提埃坡罗

《阿波罗和大陆》

1752—1753年

维尔茨堡宫，德国维尔茨堡

左图：维尔茨堡宫大楼梯上方的拱顶上有乔凡尼·巴蒂斯塔·提埃坡罗绘制的壁画。

次页图：乔凡尼·巴蒂斯塔·提埃坡罗《阿波罗和大陆》的中心图像。

维尔茨堡宫，德国

1749年，卡尔·菲利普·冯·格莱芬克劳采邑主教掌权后，他的首要任务是装饰他那富丽堂皇的维尔茨堡宫。冯·格莱芬克劳是一位博学的统治者，会说五种语言，并且曾在罗马进行过很长时间的旅行。除了在教会中的事业之外，他还拥有法律博士学位，并被任命为美因茨大学和维尔茨堡大学的校长。

宫殿的装饰一直以来都是一项浩大的工程，在乔凡尼·巴蒂斯塔·提埃坡罗接受为皇家大厅（Kaisersaal）作画的委托之前，没有一个画家能满足冯·格莱芬克劳的要求。该项目结束后，提埃坡罗又接受了另一个委托，即为大礼堂楼梯上方的拱顶作画。他描绘了一个包罗万象的世界图景，其中包括太阳神阿波罗和四大洲，而欧洲是这个占地600平方米的彩绘天花板上所展现的微观世界的中心。柔和的光芒从拱顶的中心散发出来，在边缘汇集成更明亮的紫罗兰色光线。这是受到了提埃坡罗家乡威尼斯的影响，光反射在潟湖的水面上，如同一个无垠的实验室，营造出各种氛围和美学效果。

提埃坡罗在建筑完工之前就开始作画了（遵循首席建筑师巴尔塔萨·诺伊曼的设计），但他面临着一个棘手的难题，那就是如何为一个没有固定视角的巨大天花板创作一幅叙事性画作——对于正在爬楼梯的游客来说，他们的观看角度一直在发生变化。

从楼梯往上看，一个陌生的奇异世界展现在我们面前。其中有一个代表美洲的人物，袒胸露乳，头上插着色彩鲜艳的羽毛，跨坐在一条巨大的鳄鱼身上。前景中一堆被砍掉的头颅表明，这些新世界居民是食人的野蛮人；而画作中建筑的缺乏则反映了当代人对美洲原始状态的认知，即尚未受到文明影响，更不用说建筑或宗教信仰了。美洲人指向右边一面上面印有神兽“狮鹫”图案的旗帜，这借鉴了采邑主教格莱芬克劳的盾徽。美洲人和她的随行人员就像楼梯上的观众一样，正走在朝拜采邑主教的路上。他们带着用金银财宝做的丰厚礼物和一个装满水果的丰饶角。此外，还有一个男侍从，手里拿着一罐巧克力和一条肚皮朝天的短吻鳄。

右上方的墙上画着代表非洲的一群人，其中一人正从一只巨大的单峰骆驼上下来。她已经到达欧洲，在那里，她抬头看到空中有一个上面装饰着采邑主教肖像的圆形徽章，而她也正走在向这位伟人致敬的路上，并由携带象牙作为礼物的猎人陪同。前景中，一只猴子追逐一只鸵鸟，展示了富有的欧洲消费者对非洲奢侈品的需求——鸵鸟羽毛在当时是非常珍贵的物品。

与此同时，亚洲高傲地骑在一头大象上。附随的图像将该大陆描绘成一个堕落的暴力之地和文明的源泉：前者被描述为杀死一只正在哺乳的母老虎和一个被铐着的悲惨奴隶；而在右手边，有一块上面排列着难以辨认的希腊语和帕米拉语文字的石头，这代表着文字的诞生，伴随着智慧女神雅典娜。在背景中，用树枝和木板搭建的原始庇护所象征着最初的简陋住所，后来演变为建筑艺术。与此同时，基督受难的各各他山则提醒人们基督教是在亚洲的这个角落诞生的。

欧洲是图像叙事的核心，位于南墙上，观众只有爬上楼梯并转身向后看时才能看到。在这里，她头戴皇冠，手拿权杖，作为世界君主的形象出现，赢得了其他大陆的尊敬。前景中是

上图：代表美洲的人物，袒胸露乳，头上插着色彩鲜艳的羽毛。

对页图：名利和美德的化身拿着采邑主教冯·格莱芬克劳的肖像向奥林匹斯山和众神走去，是这幅画的核心。

下图：代表非洲的一群人，其中一人正从一只巨大的单峰骆驼上下来。

一群杰出居民的肖像，包括当代艺术家、建筑师和作曲家。例如，维尔茨堡宫的建筑师巴尔塔萨·诺伊曼和提埃坡罗本人。赞助人采邑主教冯·格莱芬克劳的肖像出现在一枚圆形徽章上，被名利和美德的化身悬挂在空中，他们吹响号角，并在肖像上方授予他一顶皇冠。这枚徽章被抬上奥林匹斯山，不朽的众神之神宙斯手持雷电在那里等待，而为众神斟酒的美少年伽倪墨得斯则端着酒坐在那里。

4

政治

在政府机构紧闭的大门背后，彩绘天花板通常代表了在下面房间里上演的国家政务的理想化投影。天花板是一块完美的画布，可以在上面塑造自诩的公民和国家身份。在某种意义上，它是政治主体的延伸。

议会和天花板之间的这种连接形式对以下章节中提及的独立城邦来说非常重要，比如德国奥格斯堡市政厅的金色大厅和意大利威尼斯共和国最宁静的总督宫的议政厅。在这两个地方，当权者用温和、公平和有德行的理想化形象装饰他们的中央议政大厅，但又不失富丽堂皇的感觉，这从每个案例中都大量使用镀金可以得到证明。其他政治中心，如巴塞罗那市政厅的编年史厅，则以戏剧性的方式来挖掘记忆和胜利的编年史，以创造一种令人不安的视觉体验。

尽管在大多数情况下，本章中的天花板都给人一种华丽和戏剧性的感觉，但这通常与积极寻求限制任何对专制主义进行批判的主题保持着微妙的平衡。例如，伦敦格林尼治的旧皇家海军学院绘画厅的天花板，宣扬了英国启蒙运动的价值观。因此，面对国外的专制主义，它拥护君主立宪制的政治理念，并将其践行到人民的民主统治中。这也是科学和质疑开始挑战宗教信仰的时代。这并不是说，在政治领域，精神或专制主义从未出现过。华盛顿特区国会大厦的穹顶尤其借鉴了过去欧洲专制主义的比喻，描绘了美国第一任总统乔治·华盛顿的神化，他作为一个不朽的人主管着天堂的伟人祠，在那里，神话中的诸神与创新者和工程师们混杂在一起。

政治舞台上也有一个稍纵即逝的因素，即随着时间的推移，一个政权让位于另一个政权，这通常会导致与过去的政治实体相关的建筑的用途被重新定位。因此，当涉及内部装饰时，出现一些讽刺性的联想也是很常见的。例如，罗马法尔内塞宫那充满欢愉和挑逗意味的拱顶画《众神之爱》（*The Loves of the Gods*）曾取悦过教皇法尔内塞家族，但现在该建筑为法国驻意大利大使馆，其风格就显得格格不入；还有古巴独裁者富尔亨西奥·巴蒂斯塔在哈瓦那的总统府，它现今的功能是纪念推翻他统治的革命军。

安尼巴莱·卡拉齐

《众神之爱》

1597—1607 年

法尔内塞宫，意大利罗马

左图和次页图：法尔内塞画廊的穹顶视图。法尔内塞宫是罗马文艺复兴时期最重要的宫殿之一，目前是法国驻意大利大使馆的所在地。几个主要房间里都绘有精美的寓言壁画，包括法尔内塞画廊的《众神之爱》，由博洛尼亚画家安尼巴莱·卡拉齐创作。

法尔内塞宫，意大利罗马

法尔内塞宫自 1936 年以来一直是法国驻意大利大使馆的所在地，它那令人敬畏的石头外观下隐藏着一个有趣的秘密。在温暖舒适的夜晚，当一楼主厅的窗户向罗马的夜色敞开时，人们可以瞥见法尔内塞画廊那装饰着精美壁画的天花板。伴随着手鼓的敲击声，诸神在战车上狂欢，醉鬼从驴子身上笨拙地滑下来，慵懒性感的裸体男性高举着画作、雕塑和由水果和植物制作而成的花环。这幅名为《众神之爱》的画作由安尼巴莱·卡拉齐于 1597 年至 1608 年创作，在创作过程中，卡拉齐还得到了他的兄弟阿戈斯蒂诺和一群罗马画家的帮助，其中包括乔瓦尼·兰弗朗科、弗朗西斯科·阿尔巴尼、多明尼基诺与西斯托·巴达洛基奥。

这里的壁画由红衣主教奥多阿多·法尔内塞委托创作，他的曾叔父是亚历山德罗·法尔内塞，也就是人们所熟知的教宗保禄三世。按照惯例，奥多阿多·法尔内塞过着君主般的生活，他的罗马宫殿的装饰明确地反映了他对艺术收藏、美酒和肉体享乐的偏好。

系列绘画用了一种被称为“框架画”的构图策略，这是在假想的画框中展示绘画图像。这些描绘异教诸神的爱情、厄运和悲剧的情节主要来自奥维德的《变形记》。

这里的天花板是一个完全平坦的弧形筒状表面，上面堆叠着看上去像装裱了外框的画作和浮雕，装饰有龇牙咧嘴的面具、英俊的裸体、雕像和青铜圆形物，以及由水果和蔬菜制作而成的花环，所有这些都是用“错视画”技法绘制出来的。在房间的四个角落，天花板似乎是向天空敞开的，小天使在想象的蔚蓝空间中嬉戏。幻觉是这里的主题，不仅体现在它的“错视画”效果上（展示了一幅画作欺骗眼睛的能力），还揭开了神话故事中奥林匹斯山上诸神的神秘面纱，揭示他们在爱情与性的问题上遭受了与我们凡人同样的打击。

画面中央是异教神巴克斯和他的恋人阿里阿德涅（米诺斯国王的女儿）的结婚队伍。山羊和老虎拉着这对新人的战车，伴随他们的还有一群拿着酒、食物与乐器的（半人半羊的森林之神）萨蒂尔、仙女和小天使。这是对巴克斯的恰当致敬，他是罗马神话中与丰收和狂喜的宣泄有关的神。游行队伍将这对新人带到他们的床上，随后他们的结合将孕育出酒的化身。胖乎乎、醉醺醺的西勒诺斯——酒神巴克斯神的睿智导师——骑着一头驴走在后面。

在这场欢宴的上方，一幅较小的长方形图像描绘了刻法罗斯的故事，这个凡人拒绝了黎明女神奥罗拉的爱。下方，海洋仙女忒提斯和希腊王子珀琉斯——希腊英雄阿喀琉斯的父母——在海浪中拥抱在一起。这两幅图像看起来就像被包裹在一个金光闪闪的框架里。

在这些图像更远处，用错觉艺术手法置于中心图像群之后的是骑着海豚的仙女伽拉忒亚。与此同时，一只贝壳从眼前漂过，嫉妒的独眼巨人正在吹奏管乐。在其他地方，因嫉妒而怒火中烧的他，把一块巨石扔向了伽拉忒亚和她的恋人阿喀斯。还有一些以近乎不可能的色彩呈现的恋人场景，如朱诺和朱庇特、维纳斯和安喀塞斯，与彩绘的假檐口和布满绿锈的圆形浮雕形成了鲜明对比，给人一种不同材料在视觉空间的不同层次上相互支撑的感觉。

上图:骑着海豚的伽拉忒亚，与此同时，一只贝壳从眼前漂过，嫉妒的独眼巨人正在吹奏管乐。

对页顶部：因嫉妒而怒火中烧的独眼巨人，把一块巨石扔向了伽拉忒亚和她的恋人阿喀斯。

右图：异教的众神之神朱庇特和他坚忍的妻子朱诺。

对页底部:《法尔内塞公牛》(*The Farnese Bull*)，藏于那不勒斯的国家考古博物馆。

《众神的爱》自觉地借鉴了米开朗琪罗在台伯河对岸的梵蒂冈宫里创作的穹顶画的遗风。卡拉齐在与卡拉瓦乔争夺罗马艺术版图主导权的竞争中，一直热衷于将自己的作品归入伟大穹顶画的行列。因为壁画被认为是一种具有男子气概的艺术，在技术上比油画要求更高，也更能展示创作者所掌握的技巧。

作为一名画家，卡拉齐是古典风格的中坚力量，这与法尔内塞收藏的古希腊和古罗马时期的古物——其中大部分藏品被藏于卡波迪蒙特博物馆和国家考古博物馆（均位于那不勒斯）——形成了和谐的搭配。

最终的成品使画家和它的赞助人一样备受赞扬，这也许就是为什么奥多阿多·法尔内塞会对这幅画感到苦恼。他用碟子装了500斯库多（scudi，19世纪以前的意大利银币单位）给安尼巴莱·卡拉齐，对做了这么多工作的卡拉齐来说，这个数目显然少得可怜。更可悲的是，该作品竟成为这位艺术家的告别之作，直到他去世前一年才完成。然而，这幅作品给世人留下的价值远远超过了他可怜的报酬。在接下来的两个世纪里，这幅穹顶画成为壁画技术掌握纯熟的蓝本，而其草图则被视为古典学术传统的典范，为后来欧洲艺术家的历史绘画提供了参考。

PER ME
SAPI ENTI A
REGES RE GNANT

彼得·德·威特和马特豪斯·雷德

金色大厅

1624年

奥格斯堡市政厅，德国奥格斯堡

左图和次页图：金色大厅天花板的中央有一个知识或智慧的化身，侧面描绘的是奥格斯堡的城市建设。

奥格斯堡市政厅，德国

巴伐利亚州的奥格斯堡市由罗马人于公元前15年建立，是德国第三古老的城市。正是在1600年之后，作为神圣罗马帝国的一个富有的帝国自由城市，它的发展达到了顶峰。虽然自1385年以来，这里就有一个行政中心（或称市政厅），但在1615年，作为宏伟的重建计划的一部分，当局对其进行了翻新，以彰显奥格斯堡作为帝国国会大厦（政府）所在地的重要性。这座城市在近代早期的宗教政治洪流中也占据着重要地位，特别是它见证了天主教与（新对手）新教——由马丁·路德创立，当时他本人也来到奥格斯堡与教皇的代表会面——各邦诸侯之间的紧张关系和谈判。1555年，正是在这个市政厅里，双方签署了《奥格斯堡和约》，标志着天主教和新教贵族之间达成了一致协议，并使该城市成为唯一一个两种信仰并存的地方。

事实上，这是当时该地第一座超过六层的建筑，证明了“人们认为越大越好的想法”，特别是想要俯视地平线的时候。但在20世纪，这座建筑的高度变成了劣势，成为盟军空袭的最佳目标。而受损的部分一直延伸到位于建筑中心的双层的黄金大厅，后在1985年进行了修复，适逢该市建成两千年。

大厅的胡桃木方格天花板用金箔装饰得十分奢华，并通过一连串关于理想城市和至高无上的智慧的低调的寓言图像，展示了这座城市的财富。主画描绘的是知识或智慧的化身（在拉丁语中被称为“Sapientia”），旗帜上还印有拉丁语“per me reges regnant”（帝王藉我坐国位）。换句话说，在该市政厅里看到的唯一的国王是拥有丰富学识和良好判断力的国王代表。通过使用智慧的化身而不是胜利的化身或个人的神化，关键的视觉意象巧妙地规避了任何可能的批评，比如用意象来宣传虚荣的腐败——这也正是新教团体所关注的焦点。

中央图像一侧是对城市建设的描绘，其中包括市政建筑师埃利亚斯·霍尔的肖像，他于1615年为这座建筑奠基。另一面拉丁语横幅宣称“城市已建立”。围绕着这首赞美城市发展的颂歌，还有四个较小的椭圆，每一个都描绘了一个寓言：知识、生产力、勤奋和虔诚信念——它们是一个帝国自由城市成功诞生的关键因素。

在智慧化身的另一边是一幅描绘奥格斯堡防御工事的图像。在这里，拉丁语横幅上写着“敌人已被击退”，大概是通过周围四个较小的椭圆中的女性形象来表达美德的。这些美德分别是疗愈、正义、诚实和繁荣，其中最后一个美德被设想为一个身材魁梧的女性，站在设备齐全的厨房里，身后的锅碗瓢盆和大酒杯闪闪发光。

绘画工作由出生于佛兰德的艺术家彼得·德·威特完成，他的意大利语名字是“Pietro Candido”[彼得罗·坎迪多，但在巴伐利亚被称作“Peter Candid”（彼得·坎迪德）]。德·威特出生于比利时的布鲁日，但在孩童时期就搬到了意大利的佛罗伦萨，后来成为美第奇宫廷的一名艺术家，与米开朗琪罗一起成为意大利绘画艺术学院（Accademia delle Arti del Disegno，今佛罗伦萨美术学院的前身）的成员。此外，意大利壁画被引入巴伐利亚也被认为归功于他。

选择德·威特来绘制奥格斯堡精心设计的公民身份的典型图像，是一种意识形态的选择。奥格斯堡当局通过雇用一位佛

NEMO OTIOSVS
IVVENTVS SAPIT

BONA FIDE
HOSTES ARCENTVR

罗伦萨美第奇宫廷的御用画师，可以强调该城与佛罗伦萨的相似之处，后者也是通过银行和贸易积累了财富，实现了繁荣发展。此外，奥格斯堡（和佛罗伦萨一样）受益于商会的人际关系网和在欧洲贸易路线交会处的有利位置，这为艺术家和工匠们提供了一个肥沃的生态系统，国家和个人都需要委托他们做事。但这种田园牧歌般的富足时光终究是短暂的；到1634年，奥格斯堡的人口由于瘟疫肆虐几乎减少了一半，而通过金色大厅宣传城市的宏伟愿景也暂时失去了它的吸引力。

上图：奥格斯堡市政厅里金色大厅的内部。

右图：奥格斯堡市政建筑师埃利亚斯·霍尔的肖像，他于1615年为这座建筑奠基。

对页图：天花板上的细节展示了金色大厅内部华丽的雕刻和绘画。

HOSTES ARCENTVR
BONA FIDE
PROCVL PARCA

约瑟夫·玛丽亚·塞特

编年史厅

1929 年

巴塞罗那市政厅，西班牙巴塞罗那

左图和次页图：约瑟夫·玛丽亚·塞特在编年史厅创作的壁画。

巴塞罗那市政厅，西班牙

艺术史是一个善变的记录者。那些广受赞誉并在后世受到推崇的艺术家，以及那些被遗忘在档案尘埃中的艺术家，往往受制于他们那个时代的主流政治立场。这或许可以解释为何加泰罗尼亚艺术家约瑟夫·玛丽亚·塞特作为 20 世纪欧洲文化名人中的一位关键人物，自 1945 年去世后，却无人问津。在艺术史研究领域，塞特在很大程度上被艺术史学家们忽视了，尽管他是马塞尔·普鲁斯特、保罗·瓦莱里和可可·香奈儿的朋友。除了巴塞罗那市政厅里的编年史厅，他引以为傲的作品还包括日内瓦“国际联盟”（联合国的前身）会议厅、罗斯柴尔德家族的宅邸和纽约华尔道夫酒店里的壁画。

但即使是最受欢迎的人，如果他们的个人政治忠诚度被认为是不可容忍的，也会被取代。特别是塞特，他因在西班牙内战期间公开支持法西斯领导人弗朗西斯科·佛朗哥将军而为人所知。而在这位将军于 1939 年成为西班牙独裁者后，他仍然继续与其保持着深厚友谊。即使在内战期间，塞特抢救并妥善保管了马德里普拉多博物馆收藏的多幅画作，也未能挽回他的声誉。在 20 世纪的壁画艺术家中，“左倾”的政治立场并不罕见，比如塞特的同时代人迭戈·里维拉，还进一步走向了马克思主义。但当里维拉的名字以展现墨西哥工业化和现代化的壁画家的身份在艺术史上留下浓墨重彩的一笔时，塞特却几乎没有得到什么认可，尽管他接受了里维拉曾拒绝的委托，在纽约洛克菲勒中心的大厅里创作了壁画《美国进步》（据说，里维拉曾拒绝移除纽约洛克菲勒中心的列宁肖像）。

“历史遗忘了塞特”这一事实从他在巴塞罗那市政厅一个被称为“编年史厅”的房间里绘制的画作主题来看，极具讽刺意味。在那里，墙壁和天花板上爬满了塞特用黑色、灰色和亮金色绘制的充满戏剧性情节的绘画，它们在房间里以电影般的全景方式展开。1929 年，巴塞罗那作为世界博览会的主办城市，吸引着全世界的目光，于是市长提出了这个委托。该作品的主题着眼于加泰罗尼亚早期恃强凌弱的帝国主义时代和加泰罗尼亚文学的传统，同时借鉴了中世纪作家拉蒙·蒙塔纳和贝纳·迪斯克洛撰写的编年史。两人都记述了雇佣兵兼海盗罗杰·德·弗洛尔的生平，他是一名出生于西西里的轻步兵团（Almogavars，隶属加泰罗尼亚雇佣兵团）指挥官，在 14 世纪初的一次战役中，这些雇佣兵战士保卫了君士坦丁堡（现在的伊斯坦布尔）免遭奥斯曼土耳其人围攻。后来德·弗洛尔为拜占庭帝国安德洛尼卡二世·巴列奥略的巴列奥略王朝所用，在 1304 年被任命为恺撒（在拜占庭帝国时代，“恺撒”一词通常用来指称一个皇族的亲王或君士坦丁堡的主教），1305 年在阿德里安堡被暗杀，而刺杀者正是曾经给予他荣誉的那个王朝。一整面墙都是在表达这起谋杀案的悲怆之情，罗杰·德·弗洛尔瘫倒在一个皇家祭坛前，背上插着一把刀。到处都是大肆掠夺和破坏的景象，从墙上和天花板上层层叠叠地倾泻而下，重现了所谓的“加泰罗尼亚的复仇”。愤怒的加泰罗尼亚雇佣兵在色雷斯和马其顿进行了长达两年的掠夺，以此为他们的指挥官报仇。

天花板中央的画布定格了这次交战的戏剧性张力。在这里，砖块和燃烧的木头从灰色的天空中坠落，天空中点缀着烟雾缭绕的云团，挥舞着梯子的人群像蚂蚁一样聚集在这栋岌岌可危

的建筑周围。事实上，这座塔楼一点也不稳——无论是在上面展开的戏剧性的虚构空间中，还是在编年史厅中真实看到的，都是如此。当你进入房间，然后走到另一边抬头看，会发现在错视的艺术表达中，画中的塔楼似乎被拉长了，并被重新确定了朝向。

对页顶部和底部：到处都是大肆掠夺和破坏的景象，从墙上和天花板上层层叠叠地倾泻而下，重现了所谓的“加泰罗尼亚的复仇”。

上图：中央画布描绘了加泰罗尼亚雇佣兵对色雷斯和马其顿进行的长达两年的掠夺。

左图：编年史厅内部装饰的细节。

詹姆斯·桑希尔

绘画厅的天花板

1707年

旧皇家海军学院，英国伦敦

左图和次页图：绘画厅天花板的视图，中央那幅椭圆形画作被命名为《和平与自由战胜暴政》，描绘了威廉国王和玛丽王后在天堂中登基的画面。

旧皇家海军学院，英国伦敦

詹姆斯·桑希尔的这幅史诗般的巨作占地3700平方米，使用了近200个人物来描述18世纪初不列颠世界地位的缩影，那是不列颠尼亚（Britannia，罗马帝国对不列颠岛的古意大利语称呼，后衍生出以头戴钢盔、手持盾牌及三叉戟的女性形象示人的不列颠尼亚女神，是现代英国的化身和象征）扬扬得意地统治世界的时代。绘画厅最初坐落在一个被称为格林尼治皇家医院的地方，是为退伍的海员们提供的一个装饰精美的餐厅，于1727年建工后迅速成为伦敦最早的旅游景点之一，并为这位艺术家赢得了爵士头衔——这是英国有史以来第一次授予画家这种荣誉。

这家皇家医院由英国女王玛丽二世于1694年提议建造，英国杰出建筑师克里斯托弗·雷恩和尼古拉斯·霍克斯莫尔设计，用于安置和照顾返回英国的受伤军人。它后来成为著名的旧皇家海军学院（皇家海军的一个培训机构）。在19年的时间里，桑希尔为上层和下层大厅及一个前厅创作了壁画。

天花板彰显了英国皇家海军在扩张国家财富方面的作用，由英国新君主立宪制的管理者威廉国王和玛丽王后监工。桑希尔于1708年开始工作，并根据指示在画作中尽可能多地强调英国海军在实现英国政治抱负方面的重要性。中央那幅椭圆形画作被命名为《和平与自由战胜暴政》（*Triumph of Peace and Liberty Over Tyranny*），描绘了威廉国王和玛丽王后在天堂中登基的画面。太阳神阿波罗把光芒洒向这对夫妇，和平的化身将橄榄枝递给国王，随后国王把一顶象征自由的红色帽子递给了跪在地上的欧洲化身。该作品借鉴了意大利巴洛克时期的穹顶画，特别是意大利画家安东尼奥·维里奥的作品，他曾在温莎城堡工作，被认为将罗马穹顶画中的错觉艺术手法引入了英国。因此，桑希尔的天花板与皮埃特罗·达·科尔托纳在巴贝里尼宫里创作的《神意寓言》有一定的可比性（见第144页）。然而，它们的相似之处仅仅是在风格上，因为桑希尔所表达的基本理念与上帝赋予的统治权的正当理由完全相反，这些理由扩大了教皇巴贝里尼家族的势力。格林尼治皇家医院绘画厅里的壁画虽然展示了大张旗鼓的宣传策略和必胜的信念，实际上却是一幅拥护英国启蒙运动的思想主张的画作。

受托马斯·霍布斯和约翰·洛克等17世纪政治作家及1689年《权利法案》（该法案限制了君主的权力并保护了人民的言论自由）的启发，英国当局以自己在政治方面采取的开明的管理方式引以为傲。当时有一种新的信念，认为国王的权力不是来自上帝，而是来自人民的民主意愿，即通过人民在议会中选出的代表获得权威。这对威廉和玛丽这对君主身份的确定至关重要，国王的脚踩在法国国王路易十四的肖像上，而路易十四是启蒙运动中不公正和专制独裁统治的经久不衰的象征。在他们下方，智慧和美德的化身摧毁了诽谤和嫉妒等恶习，并将它们赶出了这个英国版的天堂。再往下是以“前缩透视法”描绘的黄道十二星座和四季的化身。这些标志着时间的流逝，也象征着天空的运动，星图是所有海上航行的基础，也是皇家海军取得成功的一个至关重要的因素。

18世纪初是科学准则开始挑战宗教固定信仰体系的时期。这一发展对天文学和空间物理学等领域产生了重大影响，而对

PIETAS

上图：罗马神话中的月亮女神狄安娜。

它们的理解也促进了英国航海事业的发展。1687年，英国著名科学家艾萨克·牛顿发表了他的万有引力定律，随后还用数学方法证明了月球和潮汐之间的关系。这就解释了天花板上月亮女神狄安娜的形象——通过她月牙形的发带和裸露的胸部就能辨别出来。

在这幅作品中，杰出的科学家与君主平起平坐。东边是第一位皇家天文学家约翰·弗拉姆斯蒂德爵士和他的助手托马斯·韦斯顿。他们将一个被称为“墙弧”（mural arc）的观星仪器指向女神狄安娜，而狄安娜则向下凝视着塞文河的化身，一个身穿绿衣的女性形象。根据詹姆斯·桑希尔的解释，我们可以得知这暗示了当时人们对塞文河潮汐系统的理解，当月球离地球最近时，这里的潮汐系统会变得非常危险。丹麦天文学家第谷·布拉赫（他是帮助人们了解夜空的关键人物）和文艺复兴时期的天文学家哥白尼的画像也在其中。

作为一个退伍老兵餐厅，绘画厅太宏伟了，它不仅承担了国事礼仪的职能，在1824—1936年，还被用作国家海军艺术馆。1805年10月，特拉法加战役结束三个月后，纳尔逊勋爵的遗体被运到绘画厅停留三天，其间，有超过3万名游客前来送别这位海军英雄。

对页图：旧皇家海军学院绘画厅的内部。

下图：第一位皇家天文学家约翰·弗拉姆斯蒂德爵士（右）和他的助手托马斯·韦斯顿。

米格尔·巴塞洛

人权与文明联盟会议厅的天花板

2008年

联合国办事处，瑞士日内瓦

左图：米格尔·巴塞洛在瑞士日内瓦人权与文明联盟会议厅的天花板上创作的雕塑。

联合国办事处，瑞士日内瓦

米格尔·巴塞洛的彩绘"钟乳石"在日内瓦联合国总部的人权与文明联盟会议厅的天花板上错落有致地流动着。乍一看，它很像一个洞穴——有着数千年历史的"矿物质"貌似随时会滴落——或大洋深处的水下暗礁。或者，如果用大炮向月球表面喷射油漆，它可能就是这个样子。

事实上，它使用了35吨从世界各地的泥土和岩石中提取的颜料，代表世界各地的不同地理环境。这些异质物质汇聚在一起，形成了一种如瘴气般的多色流动，不受国界、种族差异或起源颜色的影响，表达了乌托邦式的和谐国际关系的政治理想。

这个概念的灵感来自艺术家在非洲炎热的萨赫勒沙漠中看到的一次海市蜃楼奇观。巴塞洛描述他当时目睹了世界一滴一滴地流向天空的景象。这种颠倒的幻想是巴塞洛作品的特点，他从自然界中汲取灵感，特别是海洋等环境元素的变化及地质现象。这种有机的、有组织的混沌感将万国宫天花板上的构图与自然界中的各种元素结合在了一起，从作为早期人类聚会场所的洞穴，到作为孕育所有生命的原始摇篮的海洋，以及供人们坐下来交谈的"非洲大树"。长达1米的钟乳石盘旋在会议厅的代表们的头上，并由一个连接到穹顶的铝制蜂窝结构支撑。

巴塞洛的作品还参考了20世纪抽象表现主义的绘画风格，在这种风格中，星罗棋布的色彩是艺术家在创造力的推动下，根据自己潜意识中的冲动而创造出来的。在这种情况下，巴塞洛的天花板可以被认为反映了内部和外部世界的景观，以及许多重叠的地理环境。同样，这件作品也避免了艺术上的分类，因为它兼具流动性和雕塑性、绘画性和立体性。

巴塞洛的天花板是在联合国艺术基金会支持下实现的第一个项目，这是一个致力于通过艺术促进人权对话的西班牙组织，而建造该会议厅的"文明联盟"项目则由西班牙前首相何塞·路易斯·罗德里格斯·萨帕特罗和土耳其总统雷杰普·塔伊普·埃尔多安于2006年发起，旨在改善西方和伊斯兰国家之间的对话。

因此，它旨在改变围绕艺术服务于政治的对话。这一作品的抽象性、不涉及人物，以及没有提及从文明的角度得出的道德化或自我夸大的历史等特征，使其传递的信息更加普世和民主。此外，它还提倡在国际关系中采取一种不同的积极方式，即追求创造性作为解决问题的模式。

然而，面对所有这些赞美之词，这幅作品的公布并非没有争议，比如2300万欧元的造价，批评者哀叹，本该用在国际援助和疫苗项目上的资金被挪用到一个华而不实的项目上，主要是为了满足这位来自马略卡岛的巨星（指米格尔·巴塞洛，他出生于马略卡的费拉尼奇）的虚荣心。

左图：天花板上使用了 35 吨从世界各地的泥土和岩石中提取的颜料，代表世界各地的不同地理环境。

下图：代表们在米格尔·巴塞洛的天花板下阅读文件。

阿曼多·加西亚·梅诺卡尔

《共和的胜利》

1920 年

革命博物馆，古巴哈瓦那

左图：一个长着翅膀的胜利女神占据了阿曼多·加西亚·梅诺卡尔《共和的胜利》的中心。

革命博物馆，古巴哈瓦那

在权力和政治的历史力量中，有一个古老的传统，即当一个新的政治秩序建立起来时，它应该以旧秩序的遗迹为基础。这就是基督教在罗马长方形会堂的基础上建造基督教堂，伊斯兰教在早期基督教建筑的遗址之上建造清真寺（见托普卡帕宫，第 150 页）的方式。因此，当富尔亨西奥·巴蒂斯塔的独裁政权终于在 1959 年被古巴革命力量推翻时，重新利用昔日与他的政权有关的建筑的提议经历了一个激烈讨论的过程。例如，富人的豪宅变成了工人阶级的日托服务中心，但最具意识形态意义的是，巴蒂斯塔的总统府官邸被占用。1920 年，这座新古典主义建筑由古巴第三任总统马里奥·加西亚·梅诺卡尔主持落成典礼，在 1959 年之前一直是古巴总统的指挥部和举办重大国际外交活动的场所。该建筑的设计和布局借鉴了其他豪华气派的著名政治建筑，如美国白宫，甚至还模仿凡尔赛宫，设计了一个镜厅——以其壮观的奢华展示而闻名。

古巴革命始于 1952 年，当时富尔亨西奥·巴蒂斯塔在政变中夺取了政权，并在多次试图推翻他的攻击中幸存下来，包括 1957 年 3 月对总统府的袭击。这座建筑被改造成一个博物馆，以纪念由马克思主义者菲德尔·卡斯特罗领导的起义军推翻了巴蒂斯塔的独裁统治，使之戏剧性地被重新利用。在这里，反抗巴蒂斯塔政权暴力和压迫性的独裁统治的斗争痕迹，包括用于镇压起义军的武器和令人毛骨悚然的刑具，与建筑的华丽装饰形成了鲜明对比。

但另一个老生常谈的事实是，历史常常会重演，而且有时前后间隔时间很短。因为在这座前总统府的镜厅的天花板上，有一幅壁画庆祝古巴革命历史初期的另一种形式的解放。阿曼多·加西亚·梅诺卡尔在这幅色彩鲜明的画作《共和的胜利》中展现了古巴在独立战争中从西班牙统治者长达几个世纪的殖民统治中获得的神圣解放——最终于 1902 年实现国家独立。这位为自由而战的艺术家见证了这场战争的胜利。从哈瓦那的圣亚历杭德罗国家美术学院毕业后，梅诺卡尔成为马克西莫·戈麦斯将军的助手，并担任了解放军的指挥官，还重拾了他的艺术生涯，后来又成为他 1927 年就读的那所艺术学院的院长。

正如这座宫殿的设计灵感来自古典建筑的庄重恢宏的修辞一样，梅诺卡尔的穹顶画也借鉴了古典传统的主题和寓言，展现了 20 世纪新古巴的胜利景象。一个长着翅膀的胜利女神占据了画面中心，双臂在一片柔和的星光中高高举起，挥舞着一面上面带有一颗白色五角星的红旗。这是古巴早期国旗设计的一部分，出现于 1849 年，由一个红色三角形和一颗白色五角星组成。红色三角形象征着从法国大革命中借鉴的自由、平等和博爱的理念，也象征着为追求自由而流的血。这颗五角星也是一个鼓舞人心的图案，让人想起了美国“星条旗”上的五角星和条纹，因为古巴曾打算加入美国，以响应美国为解放该岛所做的努力。国旗的其他部分在画面中是模糊的，由三条象征着这座殖民岛上的三个政府部门的蓝色条纹和两条象征着纯洁和力量的白色条纹组成。胜利女神的一侧是嘹亮的号角，奏出了永恒荣耀的和弦；而在另一侧，有九个寓言人物——可能是缪斯女神——象征着音乐、建筑、绘画和诗歌，以及丰饶的果实。

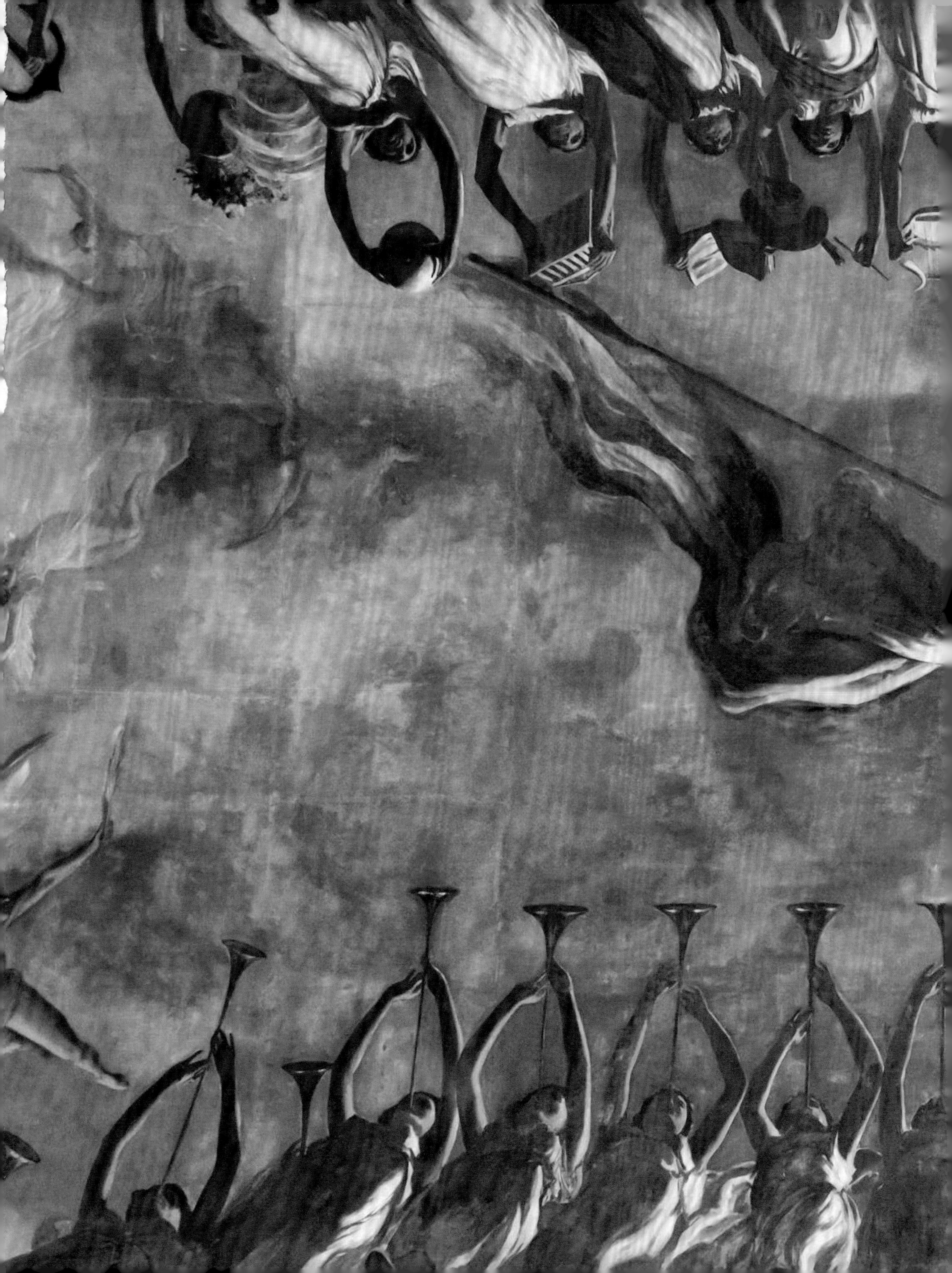

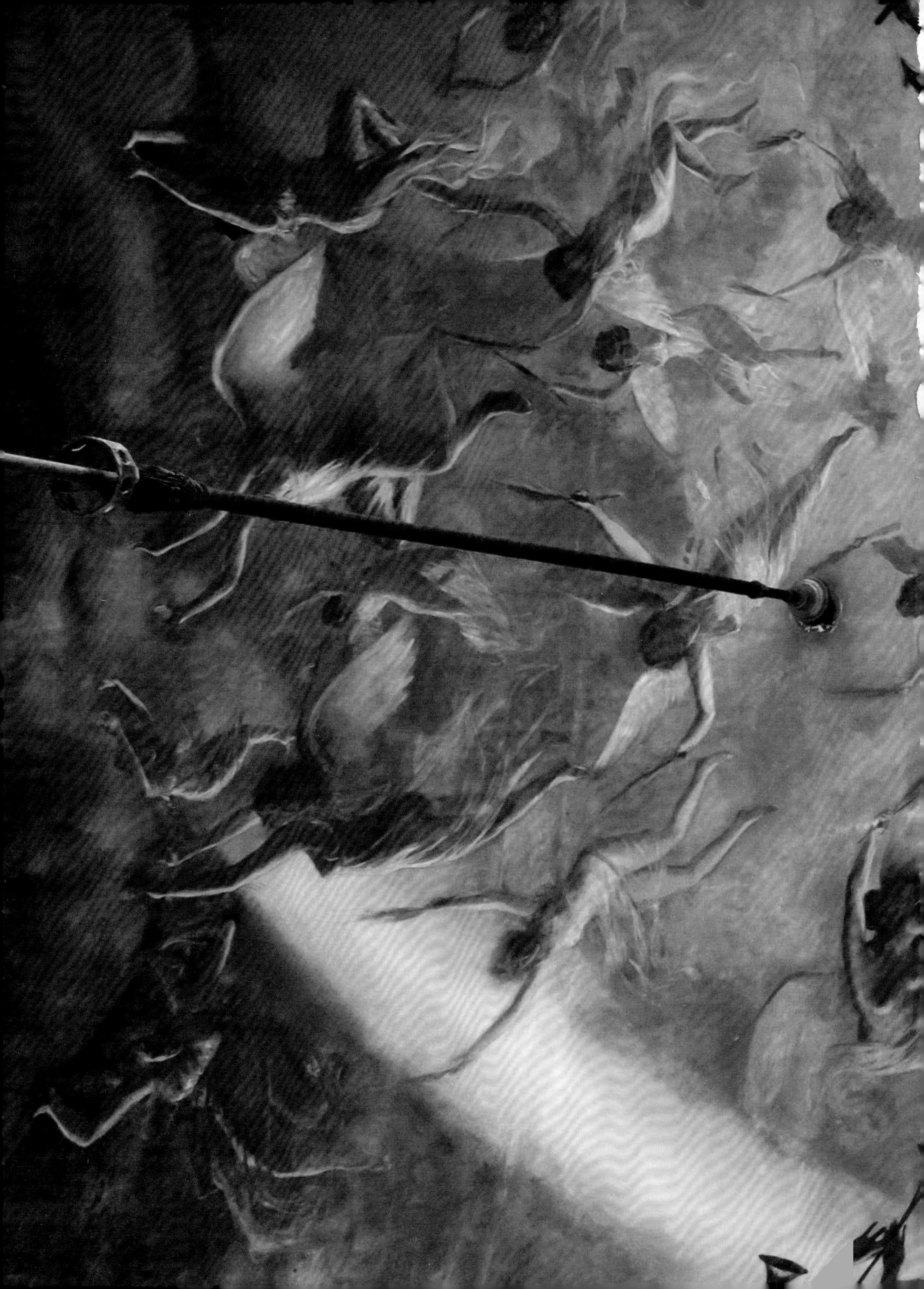

上图和对页图：革命博物馆内部，一个长着翅膀的胜利女神正在打量这个房间。1920 年，这座新古典主义建筑由古巴第三任总统马里奥 · 加西亚 · 梅诺卡尔主持落成典礼，在 1959 年之前一直是古巴总统的指挥部和举办重大国际外交活动的场所。

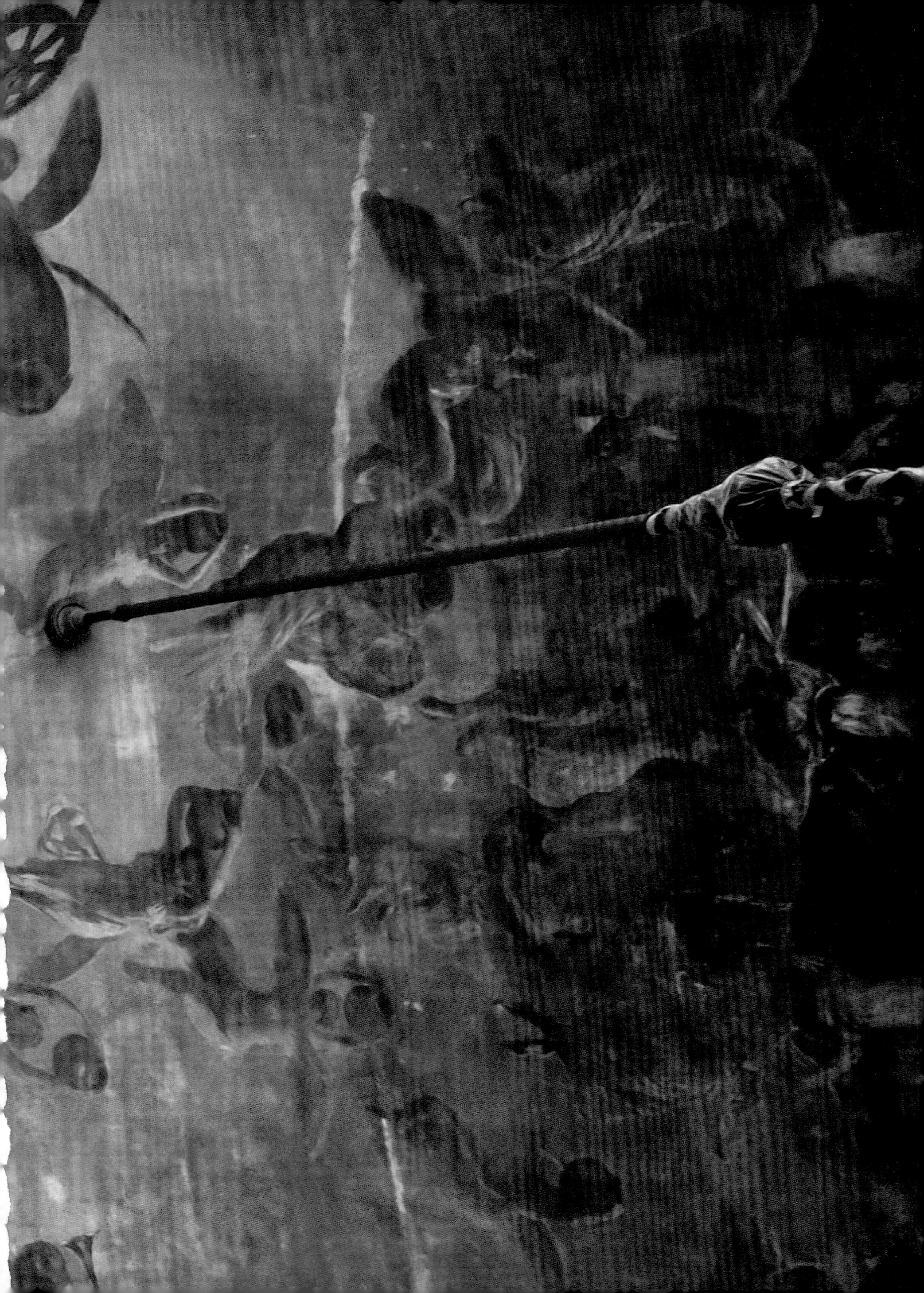

因此，这一形象是现代政治和古典文学修辞的结合，表明政治胜利和民族自豪感与一个国家的艺术、工业和知识发展之间相辅相成。因此，1959 年的革命，以胜利者的姿态重温了 1902 年独立战争的胜利荣耀。就是这样，这座建筑在庆祝独立这一方面发挥了新的作用。

对页图：胜利女神的一侧是嘹亮的号角，奏出了永恒荣耀的和弦。

上图：革命博物馆内部。

保罗·委罗内塞、雅各布·丁托列托

和帕尔马·乔凡尼

大议会厅

1575—1578年

总督宫，意大利威尼斯

左图：中央画布上描绘的是《威尼斯的神化》。

次页图：威尼斯总督宫的大议会厅。

总督宫，意大利威尼斯

熙熙攘攘的人群常常达两千人之多，每一个都是威尼斯共和国这台伟大机器的组成部分。他们每周日会面，例行处理国家事务，这一程序对共和国的健康运行来说，就像去教堂一样神圣。作为大议会的成员，他们代表着威尼斯的权贵家庭，他们的名字被列在金书（Golden Book）上，是所有之后选举出的立法和行政权力的源泉。在这里，位于总督宫（共和国统治者的官邸和城市的政治中心）主楼层的大议会，致力于处理国家的立法事务。他们也被囊括在一个横跨墙壁和天花板的绘画组合中，它是如此复杂，以至于需要用一本128页的小册子来解释。这本小册子由历史学家吉罗拉莫·巴尔迪撰写。1577年，一场大火几乎将大会议厅烧毁，当时巴尔迪加入了一个专家团队，负责监督这个房间用以彰显胜利荣耀的装饰的制作和设计。该装饰方案是丰富多彩且错综复杂的艺术与政治的结合，其中的肖像和叙事元素都围绕着威尼斯共和国荣耀和神授的统治权而展开。

一个巨大的平面天花板取代了中世纪的筒状拱顶，并装饰有镀金的檐口，上面还绘制了一系列壁画。当时的一流画家都被雇用了，比如保罗·委罗内塞，他在中央画布上绘制了《威尼斯的神化》，描绘了一个普天同庆的场景，即威尼斯社会各阶层欢聚在一起，庆祝国家的繁荣与富足。前景中，贫穷但快乐的威尼斯人簇拥在骑兵周围，而栏杆上的贵族阶层则挤在一个黑奴和两个戴头巾的亚洲人之间。他们伸长脖子，仰望着长着翅膀的胜利女神在给威尼斯的化身加冕，而另一个胜利女神则吹响了号角。威尼斯被塑造成一个傲慢的金发女郎，身穿由白色和金色锦缎织成的公爵长袍，裹着貂皮披肩。她的原型是古典奖章上罗马女神的形象。这就把威尼斯与罗马的文化和军事成就相提并论了。画面两侧的螺旋形柱子参考了耶路撒冷的所罗门圣殿，并将威尼斯设想为基督教世界的新中心。在这些柱子中，两座较小的塔楼矗立在威尼斯的侧面，让人想起了中世纪通往威尼斯军械库的大门，那里是威尼斯海军力量和她看似不可战胜的“海上帝国”的中心。威尼斯脚下的半圆形云朵上有一座天宫，里面的人物都是这个国家美德的理想化身。荣誉的化身头戴桂冠，手拿橄榄枝，旁边和平的化身也拿着橄榄枝。安全以手持蛇杖和王冠的女性形象示人，那个露着乳房、背对着我们的半裸女性代表着幸福或好运。此外，头发上插着麦穗的金发裸女是丰收的化身，再往右，头戴红色弗里吉亚帽（又称自由帽）的自由的化身为这组图像群画上了句号。

除了她的光荣美德和在基督教、军事和文明世界的中心地位外，威尼斯还被描绘为各行省威严且无可争议的统治者。在帕尔马·乔凡尼的画作《因胜利而被加冕的威尼斯周围聚集着她的下属各省》（*Venice Crowned by Victory Gathers her Subject Provinces*）中，我们可以看到戴着皇冠的威尼斯共和国的化身侧身坐着，全身被包裹在猩红色华盖下的织物海洋里。她冷眼俯视着军事指挥官的游行，这些指挥官押解着戴着锁链的战俘，给常胜的威尼斯下属各省带来了最终的和平。这一主题在天花板中央的雅各布·丁托列托的《尼科洛·达·庞特总督接见下属城市和省份》（*Doge Niccolò da Ponte Receives Subject Cities and Provinces*）中得到延续。画中，以圣马可大教堂的外立面为背景，

上图和对页图：天花板上装饰着美德的化身；对威尼斯人英勇无畏的描绘。

下图：帕尔马·乔凡尼的《因胜利而被加冕的威尼斯周围聚集着她的下属各省》。

来自被征服城市的代表们带着战利品、旗帜和他们自治领地的钥匙走上楼梯，向张开双臂接受这些物品的总督进献。戴着皇冠的威尼斯弯下腰向总督献上胜利的花环，并宣扬了一种理念，即神圣的正义支持威尼斯政府的军国主义野心。同时提醒大议会，各省和各地区之间进行合作是必要的，以维护“最安宁的共和国”（La Serenissima）的健康运行与稳定。

在这幅极度虚荣的画像中，有一些调和的因素。只有威尼斯的化身拥有权力的象征，如权杖，而不是君主般的统治者——总督。这表明权力并非授予在专制的个人身上，而是在抽象的共和国理想中。这也提醒了人们牺牲和谦逊的重要性，例如，帕尔马·乔凡尼的《威尼斯女性将她们的珠宝献给共和国》使威尼斯女性在1378年和1380年该国对热那亚的战争中倾囊相助的慷慨行为永垂不朽。

E PLURIBUS UNUM

康斯坦丁诺·布鲁米迪

《华盛顿的神化》

1865 年

国会大厦，美国华盛顿特区

左图和次页图：位于华盛顿特区国会大厦圆形大厅的拱顶中央的壁画《华盛顿的神化》，由康斯坦丁诺·布鲁米迪绘制。

国会大厦，美国华盛顿特区

国家建设的过程中伴随了许多决定，尤其是如何打造一个视觉形象。有时，最好的做法是与你崇拜的人建立联系并模仿他们。所以，如果在穹顶上神化天主教圣徒已经取得了足够好的效果，在宫殿拱顶上神化欧洲教皇和君主也有很好的效果，那为什么不采取同样的方法使美国第一任总统、大陆军总司令乔治·华盛顿永垂不朽？此外，为了确保真正达到目的，你可能想效仿其他国家，例如英国，在尚未有本土艺术家或艺术流派来完成公共委托的情况下，他们请来了意大利人。

艺术家康斯坦丁诺·布鲁米迪是一个美国移民，在他的祖国意大利执行了一系列著名委托，包括装饰罗马宫殿的内部，以及为教皇格列高利十六世服务了三年。美国国会大厦的穹顶画充分借鉴了这些视觉资源，是无处不在的新古典主义风格的一个例子，体现了 19 世纪美国的意识形态和美学特征。新古典主义挪用了古希腊和古罗马的艺术和建筑的视觉主题，作为模仿古典时代政治、法律和军事至高无上地位的一种方式，这一历史时期在当时被认为是人类文明发展的巅峰。布鲁米迪在美国联邦政府所在地壮观的天幕上，以古典时代的历史为背景，通过借助古典神话中的一系列人物，描绘了美国政治和文化身份的诞生。

画作中，在清澈柔和的天空中，已故总统华盛顿从他的天庭向下看去。华盛顿总统身着帝王的紫衣，在美德化身的簇拥中宣誓就职，宣扬了美国 19 世纪的一个光荣故事。在令人望而生畏的总统正下方，有一个为自由而战的人物形象。她扬扬得意地看着暴政和王权（启蒙时代最易被中伤的特权）的化身，就如同总统的侍女一样。在美国独立战争中，华盛顿作为第一次反对殖民统治的成功革命的领导者，成为解放和民族主义的国际象征。与战争相伴的是一只看上去极为好战的秃鹰，携带着雷电。秃鹰因其长寿和威严的外表而被选中，自 1782 年被印在国玺上后，它就成了美国的代名词。然而，它也与伴随在异教众神之神朱庇特身边的帝王之鹰有相似之处。

在华盛顿的左边，身着绿衣且长着翅膀的胜利化身吹响了号角；他的右边坐着头戴红色弗里吉亚帽的自由化身，挥舞着闪闪发光的束棒，这是古罗马时代权力的象征。与这个中间三人组构成一个圆圈的两侧，则分布着 13 个身着飘逸的古典风格长袍的女性，而且每个人的头顶上方都有一颗星星。她们代表着美国大西洋沿岸的 13 个英属北美殖民地，于 1776 年宣布脱离英国统治，成为自由、独立的合众国，也就是最初的美国。在总统的对面，妇女们举着一面旗帜，上面用拉丁语写着“E Pluribus Unum”，意思是合众为一。

在图像的外圈，神话中的诸神与工业时代的发明家及其发明以一种与时代不相符的艺术创意混杂在一起。例如，戴着头盔的智慧女神密涅瓦以手持长矛的形象出现在上面，并指向一台为电池供电的发电机。这代表了美国 19 世纪的发明，而美国科学家本杰明·富兰克林、萨缪尔·摩尔斯和罗伯特·富尔顿则站在一旁观看。在其他地方，留着白胡子的海神尼普顿（对应希腊神话中的波塞冬）手持三叉戟，监督着女神维纳斯铺设横跨大西洋的海底电报的电缆，这项发明将美国和欧洲之间的通信时间缩短至几分钟，而此前在不可靠的海路上传递信息则要耗费多达 10 天的时间。

上图：一个为自由而战的形象，她的盾牌上印有美国国旗的红白蓝三色，扬扬得意地看着暴政的化身。与她相伴的是一只秃鹰，因其长寿和威严的外表而被选作美国的象征。

右图：亚历山大·汉密尔顿的雕像，位于《华盛顿的神化》的下方。

对页图：画面中心，华盛顿总统身着帝王的紫衣，从他的天庭向下看去。

延伸阅读

Alpers, Svetlana and Baxandall, Michael, *Tiepolo and the Pictorial Intelligence* (London and New Haven: Yale University Press, 1994)

Auclair, Mathias and Provoyeur, Pierre, *The Chagall Ceiling at the Opera Garnier* (New York and Paris: Editions d'Art Gourcuff Gradenigo, 2013)

Babaie, Sussan, *Isfahan and Its Palaces: Statecraft, Shi`ism and the Architecture of Conviviality in Early Modern Iran* (Edinburgh: Edinburgh University Press, 2018)

Barkan, Leonard, *Unearthing the Past: Archaeology and Aesthetics in the Making of Renaissance Culture* (New Haven and London: Yale University Press, 1999)

Bazzotti, Ugo, *Palazzo Te: Giulio Romano's Masterwork in Mantua* (London: Thames and Hudson, 2013)

Bernadac, Marie-Laure, *Cy Twombly, The Ceiling: Un plafond pour le Louvre* (Paris: Editions du Regard, 2010)

Bikaner, Rajyashree Kumari, *Palace of Clouds: A Memoir* (New Delhi: Bloomsbury, 2018)

Cheney, Liana De Girolami, ed., *Radiance and Symbolism in Modern Stained Glass: European and American Innovations and Aesthetic Interrelations in Material Culture* (Newcastle: Cambridge Scholars Publishing, 2016)

Christiansen, Keith and Mann, Judith W., *Orazio and Artemisia Gentileschi* (London and New Haven: Yale University Press, 2001)

Dempsey, Charles, *Annibale Carracci: The Farnese Gallery, Rome* (New York: George Brazillier, 1995)

Donovan, Fiona, *Rubens and England* (London and New Haven: Yale University Press, 2004)

Gillgren, Peter and Snickare, Mårten, ed., *Performativity and Performance in Baroque Rome* (Abingdon: Routledge, 2017)

Hur, Nam-lin, *Prayer and Play in Late Tokugawa Japan: Asakusa Senso¯-ji and Edo Society* (Cambridge, MA: Harvard University Press, 2000)

Irwin, Robert, *The Alhambra* (London: Profile Books, 2011)

Jensen, Robin, *Living Water: Images, Symbols, and Settings of Early Christian Baptism* (Leiden and Boston: Brill, 2010)

King, Ross, *Michelangelo and the Pope's Ceiling* (London: Random House, 2012)

Lucas, Anya and others, *The Painted Hall: Sir James Thornhill's Masterpiece at Greenwich* (London: Merrell Publishers, 2019)

Ortayli, Ilber, *Topkapi Palace: Milestones in Ottoman History* (Clifton, New Jersey: Blue Dome Publishing, 2008)

Schulz, Juergen, *Venetian Painted Ceilings of the Renaissance* (California: University of California Press, 1968)

van Hensbergen, Gij, *The Sagrada Familia: Gaudí's Heaven on Earth* (London: Bloomsbury, 2017)

索引

注斜体页码指插图页。

Q

R

S

T

图片版权来源

The publishers would like to thank the institutions, picture libraries and photographers for their kind permission to reproduce the works featured in this book. Every effort has been made to trace all copyright holders but if any have been inadvertently overlooked, the publishers would be pleased to make the necessary arrangements at the first opportunity.

4 Scott J. Ferrell/Getty 6 Brian Jannsen/Alamy 8 Royal Academy of Arts, London (Photographer: John Hammond) 9 Royal Collection Trust/© Her Majesty Queen Elizabeth II 2019 10-11 A. Astes/Alamy 12 Cultura RM/Alamy 14 Tuul and Bruno Morandi/Alamy 16-17 Riccardo Sala/Alamy 18 JIPEN/Alamy 19 RnDmS/Getty 20 Richard Maschmeyer/Alamy 22-23 Quentin Bargate/Alamy 24tl Hemis/Alamy 24tr Sarah Crake/Alamy 24b Melvyn Longhurst/Alamy 25t Hemis/Alamy 25b Sue Martin/Alamy 26 EThamPhoto/Alamy 28-29 Rob Whitworth/Alamy 30l Factofoto/Alamy 30r Cultura RM/Alamy 31t dsounak07/Alamy 31b Nathaniel Noir/Alamy 32 Aliaksandr Mazurkevich/Alamy 34-36 imageBROKER/Alamy 37t Jakob Fischer/Alamy 37b robertharding/Alamy 38 Creative Lab/Shutterstock 40 Creative Lab/Shutterstock 40-41 (Gatefold) akg-images/WHA/World History Archive 41t Vatican2008/Alamy 41b Mondadori Portfolio/Getty 42t Alessandra Benedetti - Corbis/Getty 42b funkyfood London - Paul Williams/Alamy 43tl Granger Historical Picture Archive/Alamy 43tr Christa Knijff/Alamy 43b Peter Barritt/Alamy 44 robertharding/Alamy 46-47 imageBROKER/Alamy 48t dbimages/Alamy 48b PRISMA ARCHIVO/Alamy 49 robertharding/Alamy 50 Hemis/Alamy 52 isogood/Alamy 53 Marco Varrone/Alamy 54 Roberto Fumagalli/Alamy 56t Martin Lindsay/Alamy 56b robertharding/Alamy 57t Novarc Images/Alamy 57b imageBROKER/Alamy 58 KHALED KASSEM/Alamy 60-61 age fotostock/Alamy 62 Tooykrub/Shutterstock 63t DutchMen/Shutterstock 63m KHALED KASSEM/Alamy 63b Crystite RF/Alamy 64 Kerrick James/Alamy 66 Didier Baverel/Getty 68-69 JOHN KELLERMAN/Alamy 70 Hemis/Alamy 71t GAUTIER Stephane/Alamy 71bl Phillip Minnis/Alamy 71br imageBROKER/Alamy 72 Neil Farrin/Getty 74-77t Azoor Photo/Alamy 77b Pictures Now/Alamy 78-80t A. Astes/Alamy 80b Hemis/Alamy 81 robertharding/Alamy 82 Leonid Serebrennikov/Alamy 84-85 Howard Sayer/Alamy 86 JOHN KELLERMAN/Alamy 88 JOHN KELLERMAN/Alamy 88-89 (Gatefold) Hemis/Alamy 89 Andrew Duke/Alamy 90 Stefano Politi Markovina/Alamy 91 B.O'Kane/Alamy 92 David BERTHO/Alamy 94t JONATHAN NACKSTRAND/Getty 94b David BERTHO/Alamy 95t David Kleyn/Alamy 95m Isaac Mok/Shutterstocker 95b David Kleyn/Alamy 96-97 Svetlana Day/Alamy 98 Carlos Soto 100-101 Bildagentur-online/Schickert/Alamy 102t Michael Miller/therealsanjose.com 102b DEA/A. DAGLI ORTI/Getty 103 The Artchives/Alamy 104 Kristina Blokhin/Alamy 106-107 Exotica/Alamy 108t Alessio Catelli/Shutterstock 108b Peter Ptschelinzew/Alamy 109 Alexandre Rotenberg/Alamy 110 erlucho/Shutterstock 112-113 ap–photo/Alamy 114 Danita Delimont/Alamy 115t ap–photo/Alamy 115b Gerardo C. Lerner/Shutterstock 116 Kumar Sriskandan/Alamy 118-119 Craig Lovell/Eagle Visions Photography/Alamy 120t Kerrick James/Alamy 120b Olena Buyskykh/Alamy 121 Paul Maguire/Alamy 122 DEA/G. NIMATALLAH/Getty 124 Rolf Richardson/Alamy 126 Royal Collection Trust/© Her Majesty Queen Elizabeth II 2019 127 image/Alamy 128 Leisa Taylor/Alamy 130-131 Images & Stories/Alamy 132t B.O'Kane/Alamy 132b Luis Dafos/Alamy 133 Hilary Morgan/Alamy 134 Walter Bibikow/Getty 136-137 Heritage Image Partnership Ltd/Alamy 138t De Agostini/M. Carrieri/Getty 138b DEA/M. CARRIERI/Getty 139 Photo Scala, Florence 140-141 Kimberley Coole/Getty 142 Tom Allwood/Alamy 144 DEA/G. NIMATALLAH/Getty 146-147 Ivan Vdovin/Alamy 148 DEA/G. NIMATALLAH/Getty 149l Ivan Vdovin/Alamy 149r Artexplorer/Alamy 150 Philipp Zechner/Alamy 152 Gaertner/Alamy 152-153 (Gatefold) Samuel Magal, Sites & Photos Ltd./Bridgeman Images 153 Endless Travel/Alamy 154 imageBROKER/Alamy 155t Ian Dagnall/Alamy 155b Ihsan Gercelman/Alamy 156-159 Anthony P. Morris, Farmoor/Alamy 160 Rolf Richardson/Alamy 161t RGB Ventures/SuperStock/Alamy 161b The Picture Art Collection/Alamy 162 DEA/C. GEROLIMETTO/Getty 164-165 Stefano Valentini/MiBAC 166 The Picture Art Collection/Alamy 167 Valery Voennyy/Alamy 168 jesuspereira/Shutterstock 170-172t Christophe Ketels/Alamy 172b-173 jesuspereira/Shutterstock 174 ITAR-TASS News Agency/Alamy 176 Hermitage/Wikimedia Commons 176-177 Sergey Lyashenko/Shutterstock 178-181 DEA/G. DALGI ORTI/Getty 182t Bildarchiv Monheim GmbH/Alamy 182b The Picture Art Collection/Alamy 183 INTERFOTO/Alamy 184 Tenreiro/Shutterstock 186 GABRIEL BOUYS/Getty 188-189 Agf/REX/Shutterstock 190t Eric VANDEVILLE/GAMMA-RAPHO/Getty 190b PD-Art/Wikimedia Commons 191t Eric VANDEVILLE/GAMMA-RAPHO/Getty 191b adam eastland/Alamy 192-196t imageBROKER/Alamy 196b Pierre André/Wikimedia Commons 197 DEZAIN_Junkie/Alamy 198 akg-images/Album/Ramon Manent 200-201 Cultura RM Exclusive/Quim Roser 202 akg-images/Album/Ramon Manent 203t akg-images/Album/Kurwenal/Prisma 203b akg-images/Album/Ramon Manent 204 Sam Whittaker/Opus Conservation 206-207 Alex Segre/Alamy 208 Arcaid Images/Alamy 209 Sam Whittaker/Opus Conservation 210 GFC Collection/Alamy 212-213 imageBROKER/Alamy 213 FABRICE COFFRINI/Getty 214 DEA/P. BAUDRY/Getty 216 age fotostock/Alamy 216-217 (Gatefold) Anne-Marie Palmer/Alamy 217-218 age fotostock/Alamy 219 adam eastland/Alamy 220 Peter Horree/Alamy 222-223 Hemis/Alamy 224t dominic dibbs/Alamy 224b Web Gallery of Art/Wikimedia Commons 225 Hemis/Alamy 226 Wiliam Perry/Alamy 228-229 National Geographic Image Collection/Alamy 230t Danita Delimont/Alamy 230b Randy Duchaine/Alamy 231 Photo 12/Getty